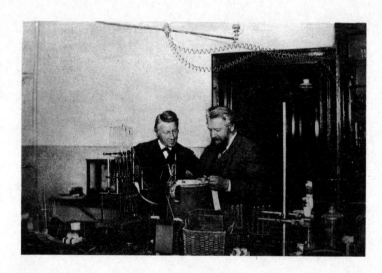

奥斯特瓦尔德（右）与首届诺贝尔化学奖得主范特霍夫（左）在实验室

奥斯特瓦尔德（左）与 1903 年诺贝尔化学奖得主阿累尼乌斯（右）

奥斯特瓦尔德（左）与著名心理学家詹姆斯·麦基恩·卡特尔（右）

给孩子的化学课

# 化学原来可以这样学

[德]F.W.奥斯特瓦尔德◎著

李文桨◎译

## ·化学校园2·

天津出版传媒集团

天津科学技术出版社

# 第二十八课 | 氯气的制备和性质

师 假期之前学过的化学知识，你还记得吗？恐怕已经忘得差不多了吧？

生 很奇怪，假期结束时，我觉得自己对那些知识的印象很模糊。如果您
那时候来考我，我肯定会考得很差。但是最近我又复习了以前所做的
课后笔记，突然又觉得一切都很清楚。

师 很好，这说明你确实认真听课了。每当我们学习了新的知识，总是需
要经过一段时间才能完全消化。

生 今天我要学习哪些新的化学知识呢？

师 太多了，够我们挑的了。我们讨论元素的时候，你不是说你想更深入
地了解日常生活中的物质吗？这就是我们现在要学的。

生 这么说，您上学期教的是定律，而这学期要教我认识各种物质了。

师 那倒不是，你需要学习的定律还有很多呢！我们还是和以前一样，在
讨论物质及其转化的同时，顺带讨论一下相关的定律。

生 这么多定律，我怕我学不好。我脑袋里装的东西太多了，会被它们弄
糊涂的。

师 你以前学过的那些定律有没有把你弄糊涂呢？

生 那倒没有，因为它们看上去就理当如此——抱歉，我的意思是它们大

部分都很简单，以至于我想不到跟它们相反的情形。

师　没错，既然你有这种感觉，那就说明你完全有能力了解那些定律。等你以后遇到新的定律时，一定也是这样，你一定可以不假思索地应用它们，就像出于本能一样。

生　您为什么要说"就像出于本能一样"，而不说"简直就是出于本能"呢？

师　因为你要通过学习才能获得这种本领，而本能却是一种天生的本领。现在，我们开始学习关于氯气的知识，你知道哪些关于氯气的知识呢？

生　氯是一种元素，食盐和盐酸都是它的化合物。

师　没错，氯气是一种什么样的物质呢？

生　它是气体。

师　是的，但它跟你之前认识的那些气体不同。首先，它是黄绿色的；其次，它的气味很难闻。它也很容易跟大部分元素，尤其是跟金属元素化合。而且氯气还能跟许多化合物或化合物中的某些元素产生化合作用。所以，要想把氯气从化合物中提取出来，必须做大量的工作。

生　我们可以在自然界中找到氯气吗？

师　不能，像这种能在常温下变成化合物的物质不太可能在自然界中找到。

生　没错，那我们怎样才能得到氯气呢？

师　用盐酸制取。你还记得盐酸是由什么元素组成的吗？

生　让我想一想……我想到了，它是由氯元素跟氢元素组成的，所以它也叫氯化氢。我们制取氢气的时候，就是用锌把氯从盐酸里面赶走的。

师　那我们怎样才能得到氯气呢？

生　把氢夺走就行了，不过……用什么东西夺走它呢？

师　你想一想，氢气能跟什么东西发生反应？

生　我只知道它可以和氧气发生反应，但是氧气有能力把氢气夺走吗？

师　有。

生　这么说，只要我们把氧气通入盐酸里面，氯气就会出来了？

师　那可没有这么简单，因为氧气在常温下起不了作用。如果我们让氯化氢和氧气一起通过烧红的陶土碎块——陶土必须在蓝矾里面浸泡过①，那么就会生成水和氯气。

生　蓝矾有什么用呢？

师　它是一种催化剂，能加快化学反应的速度。

生　您能做一下这个实验吗？

师　我们没必要做这个实验，因为这样制取出来的氯气不纯净，里面会含有其他物质。要想得到纯净的氯气，必须用一种容易放出氧气的固态化合物才行——你知道哪些这样的化合物呢？

生　氧化汞和氯酸钾。

师　好，我们就用氯酸钾。

生　为什么不用氧化汞呢？

师　氧化汞放出氧气之后会变成什么？

生　水银。

师　没错，我跟你说过，氯可以跟大部分金属化合，水银也不例外。如果我们用氧化汞来做实验，那么得到的就是水银跟氯气的化合物，而不是水银和氯气。

生　用氯酸钾会更好吗？

师　当然啦，氯酸钾放出氧气之后所剩余的物质是不会跟氯发生反应的。我把几粒小小的氯酸钾放进一支小试管里，再往里面倒一点儿盐酸。

生　盐酸看上去跟水差不多。

---

① 蓝矾也就是五水硫酸铜，又称胆矾、铜矾，化学式为 $CuSO_4 \cdot 5H_2O$。

**师** 盐酸本来就是一种水溶液。氯化氢是一种气体，它能轻易溶在水里。现在我来加热试管。

**生** 溶液变成黄绿色了。

**师** 那是因为水里面已经有氯气了，它很快就会出来的，你要小心！

**生** 我什么也没闻到——呸，真臭！

**师** 现在你知道我为什么只用一点点氯酸钾来做实验了吧！我们一定要小心，因为氯气不仅很难闻，而且有毒，能损伤我们的呼吸道黏膜。现在，我把一块闪闪发亮的银币在试管口上放一会儿。

**生** 它变成深灰色了，就像一块硬纸板。

**师** 你看，氯气跟银也会发生反应。不管温度是高是低，银都不容易与空气中的氧气发生作用，所以它被归为贵金属。

**生** 我只能看见这一点点氯气吗？

**师** 不，我还准备多做些呢！但我得去后面那间通风的房间里去做，即使有氯气漏出来，也会被流动的空气带走。

**生** 关于氯气的实验，我们都得这么做吗？

**师** 那也不一定，有些化学实验室里面设有排气柜，它可以将气体排出去。

**生** 您是不是得多准备一些氯酸钾？

**师** 不，我不用它了，氯酸钾用多了也有危险，现在我用另一种氧化物——二氧化锰来替代它。在自然界中，二氧化锰以软锰矿的形式存在。将二氧化锰与盐酸放在一起加热时，其中的氧会跟盐酸中的氢元素化合，最后就会得到很纯净的氯气，因为除了氯气之外，它们所生成的其他物质都不能挥发。你说说，我要怎么做这个实验呢？

**生** 应该和制取氢气一样吧？

**师** 没错，不过我们得用一只比较薄的烧瓶，因为氯气需要加热才会释放出来，同时我们又不能直接用火去加热，否则烧瓶很容易因为瓶中固体温度过高而炸裂，这一点是我们在制取氯气时应该特别注意的。

生　那我们就在烧瓶下面垫一层石棉网。

师　没错，但是瓶底不能接触石棉网（图43）。至于通气管，我们必须使用玻璃材质的，因为氯气会损坏橡胶管。我们先在烧瓶里面装入半瓶大块的二氧化锰，然后倒入盐酸，使它刚好没过二氧化锰。现在烧瓶已经热了，我把玻璃管插入一只干燥的玻璃瓶中。

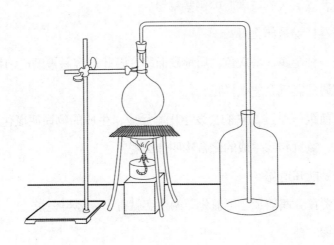

图 43

生　玻璃瓶有什么用呢？

师　收集氯气呀！

生　为什么不像以前那样用排水法收集呢？

师　因为氯气很容易溶解在水里。

生　现在瓶底有一些绿色气体了。

师　我之所以把玻璃瓶放在一张白纸上面，就是想让你看得更清楚些。

生　但只有瓶底是绿色的。

师　氯气的密度差不多是空气的 2.5 倍，所以它才会在瓶底聚集。

生　没错，绿色的东西升高了。

师　等瓶子里装满氯气，我们就把它移开，用玻璃片盖住瓶口——你快拿一只空瓶过来继续装氯气。

生　您打算怎么处理瓶子里的氯气呢？我已经领教过它的味道了。

师　我想另外做一个实验来证明金属在常温下也可以在氯气中反应。

生　那我倒是挺好奇的。

师　我向装满氯气的玻璃瓶中倒些锑粉。

生　真好看！锑是什么呀？

师　锑是一种金属，呈灰色，质地硬而脆，因此很容易被磨成细粉。

生　金属遇到氯气会怎么样呢？

师　我之前跟你说过，它们会发生化学反应，生成的物质叫氯化物。那你说说，氯气和锑生成的化合物叫什么呢？

生　这我哪能知道呢？

师　你只要在金属前加上"氯化"两个字就行了，你再说说。

生　氯化锑。

师　没错。除此之外，你还要注意，有些金属能以好几种比例跟氯气化合。那些含氯较少的化合物叫低价氯化物①，含氯较多的叫作氯化物。我们必须知道金属和氯气的化合价，才能用这种方式称呼它们的化合物。关于这一点，我们以后还会提到。在我们说话的空当，氯气又装满好几瓶了。现在我们用蜡膏把玻璃片粘在瓶口上，这样氯气就不会跑掉。今天我们就说到这里吧。

---

① 所谓的低价氯化物，也就是指名称中带有"亚"字的氯化物，如氯化亚铜、氯化亚铁。

# 第二十九课 | 氯气和水

师　你昨天都学了什么?

生　学了用氯化氢制取氯气。氯气是一种黄绿色的气体,特别难闻,而且能与许多金属发生反应,生成氯化物。我们也能得到液态和固态的氯吗?

师　当然可以,只要增大压力,同时使温度下降到一定程度就可以了。在常压下,将温度降至零下 33.6 摄氏度,氯气就能变成一种黄绿色的液体。在 0 摄氏度、3.7 个大气压的环境下,液氯才能继续保持液体的状态。在温度很低的情况下,它还会变成一种淡绿色的固体。我们通常将液氯放在抗压的钢瓶里面出售,只要打开阀门,氯就出来了。如果阀门装在钢瓶上面,那么出来的就是氯气;如果阀门装在钢瓶下面,那么出来的就是液氯。

生　您说氯是装在钢瓶里面的,但您昨天说过氯可以跟大部分金属发生反应啊!

师　问得好! 这是因为完全干燥的氯气不太会与铁发生反应。所以在我们把氯气输入钢瓶之前,必须使钢瓶保持干燥。

生　为什么会有这种区别呢?

**师** 这又是一种催化作用。没有水的时候，氯气跟铁的反应速度会十分缓慢。

**生** 水和氯气有什么特别的关系吗？

**师** 当然有。如果把氯气和水放在一起摇晃，那么氯气就会溶解在水里。我在一只装满氯气的瓶子里灌入五分之一水，把瓶塞塞好之后摇晃几下。你看，瓶塞被吸住了，这是因为瓶子里的压力减小了。

**生** 所有的氯气都溶解在水里了吗？

**师** 那倒不会，只有四分之三氯气溶解在水里。氯气溶解在水里之后，瓶内压力就会降低，水中无法溶解更多的氯气。如果要使氯气在水中的溶解度达到饱和，那就必须使压力保持不变。对于我们现在要做的这个实验，水中所溶解的那些氯气已经足够了。我在试管里倒入一些氯水，你看看它是什么样的？

**生** 跟水差不多，稍微有点儿绿。

**师** 你在试管下面放一张白纸，再从上往下看看。

**生** 现在是很明显的绿色。

**师** 氯水的气味和氯气一样，它也可以与金属发生反应，生成氯化物。这原本就是可以预料得到的。

**生** 为什么呢？

**师** 溶解在水中的氯气，其质量的多少会随着压力的大小发生变化。只要降低压力，就能重新把氯气从水里释放出来。所以，氯水与在一定压力下的氯气之间总是保持着一种平衡状态，所以氯气能与其他物质发生的反应，氯水也能发生，只不过在第二种情形下，它们所生成的物质可以与水发生交互作用。

**生** 您说的我都能听懂，不过其中好像还藏着另外一些道理。

**师** 是的，其实我又隐隐约约向你透露了一条重要的定律，在我解释之前，我想给你举更多的例子。

生　也许我自己就能领悟出来。

师　以后你再想吧，现在我们还得多制一些氯水呢！我们先组装一下用来
　　制取氯气的仪器。为了多制一些氯水，我们让氯气从这些瓶子里面依
　　次通过。每只瓶子都配有一个双孔木塞，一个孔里插一根弯成直角的
　　长玻璃管，另一个孔里插一根弯成直角的短玻璃管（图 44）。

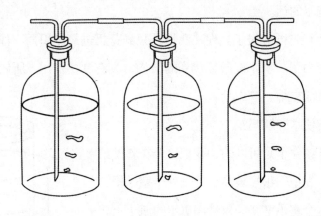

图 44

生　您为什么要用橡胶管把它们连起来呢？

师　为了证明氯气能让橡胶管变得又硬又容易碎。而且玻璃管很容易坏，
　　所以值得牺牲一些橡皮管。

生　水里有气泡冒出来了。

师　这还是空气。我们得让最后一只瓶子里流出来的氯气进入一只空瓶里，
　　否则氯气流到空气里就麻烦了。然后我们再往空瓶里倒一些木炭和石
　　灰，它们可以吸收氯气。

生　我怎样才能知道实验做完了呢？

师　等最后那只瓶子里的水变成绿色的时候，第一只瓶子里的氯气就饱和
　　了。这时我们将其他瓶子依次往前移，再在空瓶前面加一只装有清水

的瓶子。现在，第一只瓶子里面已经装满氯气了。

生　您要用它做什么呢？

师　用处多着呢！我这里有一片金箔，我把它放在一只小瓶子里，再往里面倒一些氯水，不用多久，那片金子就会溶解在水中，生成氯化金，水也会因此变成黄色。你看，就算是最贵重的金属也抵挡不住氯的威力。

生　如果有水的话。

师　这句话补充得好极了！现在我把几朵鲜花扔进氯水里面，你瞧，花很快就变白了。氯水能破坏色素的结构，具有漂白作用，所以我们经常用它来漂白棉、麻织品。

生　氯气能使水分解吗？

师　在某种条件下是可以的，我把这个实验做给你看。先把一根短玻璃管插进一个塞子里，再把这个塞子塞在一只装满氯水的瓶子上，把瓶子倒转过来放在一只装有水的玻璃杯里，然后把它们放在太阳底下（图45）。

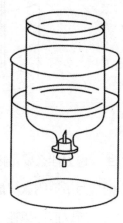

图 45

生　瓶里的氯水居然没有流出来。但什么也没发生啊！

师　明天就会有一些氯水被瓶子里的氧气挤出来了。

生　氧气是从哪儿来的呢？

师　从水里来的。氯在阳光的照射下跟水里的氢化合而产生了氧气。

生　这跟阳光有什么关系呢？

师　阳光就和催化剂一样，可以加快反应速度。我们把这种现象称作光化学反应，摄影技术就是在这种反应的基础上建立起来的。

生　我想了解得更多一些。

师　现在还不行，我们还要讨论更重要的问题。你说说，要怎样检验瓶子
　　里生成的是不是氧气呢？

生　只要用带火星的木片试一下就知道了。

师　没错！我再做个实验给你看看。这是一瓶已经放了好几个星期的糨糊，
　　现在已经臭了，我往里面加一些氯水。

生　两个臭的混在一起，后果很严重！

师　你小心地闻一闻。

生　我不想闻。

师　我认为你是想学化学的。

生　那您递给我吧！我什么也没闻到，这是为什么呢？

师　氯可以除臭，这是它的一种性质。

生　这难道又是氧化作用吗？

师　没错。

生　想不到氯还有这种作用呢！

师　它的用处多着呢！氯气还能杀死病菌。从这点来看，氯气虽然讨人厌，
　　但对我们也是有益的。很多消毒剂里面就含有氯。

生　消毒剂这个名字该怎么理解？

师　消毒的意思就是消灭有毒的病菌。但是通常我们不用氯气消毒，我们
　　一般都用漂白粉来消毒。

生　漂白粉是什么东西？

师　是氯气与熟石灰生成的一种化合物。氯气被石灰吸收之后会生成一种
　　白色的粉末，这种粉末又会吸收空气中的水蒸气，所以通常会有些潮
　　湿。我们很容易就能使氯气从漂白粉里释放出来，即使放在空气里，
　　漂白粉也会释放氯气，你闻一闻就知道了。

# 第三十课 | 酸和碱

师　我们讲过不少关于氯化氢的知识，现在你应该对它了解得比较清楚了吧，你能说给我听听吗？

生　氯化氢的水溶液叫盐酸。把锌片放进盐酸，会有氢气产生；把二氧化锰放进盐酸，会有氯气产生。

师　二氧化锰在这个反应中的有效成分是什么？

生　是氧，因为我们用其他氧化物代替二氧化锰，也能得到氯气。是不是所有氧化物都能跟盐酸发生反应而产生氯气呢？

师　不是，我以前跟你讲过，氧化汞和盐酸放在一起就不会产生氯气。盐酸的酸字该怎么解释？

生　是说盐酸的味道是酸的。

师　是的，除此之外，所有酸性物质还有一种性质，我们可以通过这种性质轻易地把它们辨别出来。这里有一种溶液叫石蕊溶液，我把它涂在白纸上。

生　您要用它来做什么呢？我还挺好奇的。

师　用它来发现酸啊。市面上有现成的石蕊试纸出售，我手里拿的就是这种裁成细条的石蕊试纸。我在这些试纸上滴一点儿盐酸，你看到变化了吗？

生 试纸变红了。

师 一切酸性物质，比如苹果汁、白醋、酸奶等都会使试纸变红[①]。

生 您能给我一些石蕊试纸吗？我想到处去试试看。

师 给你几张。

生 我试了一下，酸性物质确实都能使它变红。

师 现在我想把酸的第三种性质展示给你看，这是一些镁粉。

生 就是燃烧时能发出耀眼光芒的镁吗？

师 是的。我把它们放进试管，再往试管里面倒一些水。你看，什么也没有发生。现在我再往里面倒一些盐酸，你看，立马就有气体放出来了——你猜猜这是什么气体，只要想一想镁是金属，你就会知道了。金属跟氯化氢会发生什么反应呢？

生 金属能把氯元素抢走而使氢气放出来。

师 没错！我用塞子堵住试管口，让它们反应一会儿，然后取走塞子，让试管口凑近火焰。

生 有响声！没错，这是氢气。

师 现在，我们不用盐酸，把白醋和镁粉放在一起，同样也有气体放出。

生 但是这次放出来的气体没有使用盐酸时那么多！

师 正因为这样，我们才把那些酸称作弱酸。

生 真奇怪，酸味[②]、使石蕊试纸变红、跟镁粉混合能产生氯气，这三种

---

① 石蕊试纸分为红色和蓝色两种。碱性溶液能使红色试纸变蓝，酸性溶液能使蓝色试纸变红。

② 过去人们总是认为有酸味的东西就是酸性物质，实际上，酸性和酸味是不同的概念。多数酸性物质都有酸味，但也有例外，如单宁酸的味道就是涩味，而我们熟悉的柠檬，虽然很酸，却是一种碱性水果。

性质总是同时出现。

师　这正是酸性物质的共同点。

生　为什么酸性物质偏偏具备这几种性质呢？我猜您暂时是不会告诉我的。

师　你确实可以再等一等。这三种性质中，最后一种很重要，我们可以由此推论：大部分酸性物质含有氢元素，它们能通过化学反应放出氢气。

生　那含有氢元素的化合物都是酸性物质吗？

师　那倒不是！比如，水也含有氢元素，但它跟镁混合却无法放出氢气，它不带酸味，也不能使石蕊试纸变红，所以它并不是酸性物质。酒精跟石油也不是酸性物质，虽然它们也含有氢元素。

生　我们有没有别的方法可以验证酒精和石油中含有氢元素呢？

师　当然有，你把一根又冷又干燥的玻璃棒放在它们的火焰上试一试就知道了。如果玻璃棒上出现了水滴，就说明它们含有氢元素。

生　我想把这些实验都做一遍呢！

师　再好不过了。现在你再来说说，酸性物质的特征是什么呢？

生　酸性物质通常是含氢化合物，它们跟镁混合能放出氢气。

师　很好！

生　还有一点请您告诉我：这些酸性物质是各不相同的物质呢，还是跟水一样，只是因为含有不同的杂质，所以才呈现出不同的样子？

师　这个问题太复杂了！现在我只能告诉你，它们是各不相同的物质。酸性物质太多了，现在你只要认识十几种就够了。在这之前，我还想跟你讲一讲碱性物质。

生　它们是酸性物质的表姐妹①吗？

――――――――――

① 此处提到的 base 一词在德语中还有"表姐妹"的意思。

**师** 不是，这个词语源自希腊语 basis（基础）。不过它确实和酸性物质有关，因为它能抵消酸性物质的作用，也就是说，碱性物质和酸性物质的作用是相反的。

**生** 这我有点儿难以想象。

**师** 我们之前收集蜡烛燃烧的产物时所用的氢氧化钠（参考第十课）就是一种碱性物质。

**生** 是的，我还记得它是白色的。

**师** 是的。我取一些氢氧化钠放在水里溶解，然后把被酸变成红色的石蕊试纸放进溶液里面，你看，它又变回蓝色了。如果我们在一杯水里面滴一点儿石蕊溶液，就能看得更加清楚。滴好之后，我们往里面滴一滴盐酸，看，水变红了。再滴两滴氢氧化钠溶液，看，水又变蓝了。

**生** 您让我试一试。啊，我倒的盐酸有点儿多。

**师** 没关系，你再多倒点儿氢氧化钠溶液就行了。

**生** 这一次我慢慢地倒——最后一滴使水变蓝了。

**师** 你再往里面滴一滴盐酸，水又会变红。

**生** 真神奇！

**师** 我知道你肯定还有一些疑问，所以我们再来把这个系统性地做一遍。这是 10 克氢氧化钠，我倒些水进去，再往里面加一些石蕊溶液。现在我必须多加些盐酸进去，溶液才会变红。但只要我用玻璃棒搅拌一下，溶液就会变蓝。如果我再用移液管把盐酸一滴一滴小心地加进去，那么溶液的颜色还会变成介于红蓝之间的紫色呢！现在溶液已经很热了，我把它倒在一只浅底的瓷皿里，再把瓷皿放在石棉网上加热，并且不时地用玻璃棒去搅拌它（图 46）。

**生** 溶液已经很热了，为什么还要加热呢？

**师** 我想让水蒸发。这种浅底的瓷皿就叫蒸发皿。

生　边上出现了白色的东西。

师　没错，因为我在用玻璃棒搅拌。等水完全蒸发，就会剩下一种略带石蕊颜色的白色物质。

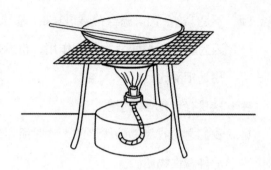

图 46

生　它们在四处乱溅呢，而且还伴有炸裂的声音。

师　这是因为蒸发皿底部的温度超过了 100 摄氏度，而热无法完全传到别的地方。

生　我可以从这个实验中学到什么呢？

师　盐酸和氢氧化钠混合生成了氯化钠。

生　真奇怪！

师　为什么奇怪呢？

生　本来我不应该这样讲的，但我总觉得有点儿奇怪，为什么两种这么厉害的物质会化合出丝毫无害的盐呢？

师　发生化学反应时，一方面会有物质消失，另一方面也会有新的物质生成。你刚刚看到的只是众多相似的化学反应中的一种。除了氢氧化钠，还有很多碱性物质。碱性物质跟酸性物质发生化学反应之后，它们的特性会相互抵消，最终生成一种盐。

生　每次生成的都是食盐吗？

师　不，食盐是由氢氧化钠和盐酸生成的。如果用硫酸来代替盐酸，你就会得到硫酸钠。总而言之，大部分碱性物质可以和大部分酸性物质生成一种特别的盐。

生　这么说来，盐的种类比碱性物质的种类要多得多。

师　没错。如果我分别给你十种碱性物质和十种酸性物质，那你能得到多少种盐呢?

生　让我想一想!第一种碱性物质能跟十种不同的酸性物质生成十种不同的盐,对吗?

师　是的。

生　这样算下去,一共是 $10 \times 10 = 100$ 种盐,我说得对吗?

师　对的。

生　太吓人了!要是有几千种酸性物质和几千种碱性物质,那盐的种类岂不是数不清了?

师　可不是嘛!不过其中大部分盐都是无关紧要的。

生　它们长得都和食盐一样吗?

师　不是,它们有各种各样的颜色和形状。它们有的不大溶于水,有的几乎不溶于水。

生　石灰水和二氧化碳生成的白色沉淀也是盐吗?

师　是的,因为石灰水是碱性物质,而二氧化碳溶于水之后会变成酸性物质。

生　请您做一个实验让我看看。

师　我们先来试试石灰水。这是一些生石灰,我用水把它调成牛奶一样的液体,也就是石灰水。你看,红色石蕊试纸一放进去就变蓝了。

生　真的呢!有一个问题我一直想问您,盐会影响石蕊的颜色吗?

师　我用一个实验为你解答。我把一些食盐溶解在水里,再往里面加几滴石蕊溶液,然后把盐水分成两份。现在,我用一根在盐酸里放过的玻璃棒去搅拌其中一份。

生　水立刻变红了!

师　我再在另一份盐水中加入氢氧化钠。

生　它还是蓝色的。

师　现在，你只用一点点酸就能使蓝色的水变红，也只用一点点氢氧化钠或石灰水就能使红色的水变蓝。你来试试看。

生　没错，真是这样的。

师　所以说一定量的酸性物质只能跟一定量的碱性物质生成盐，而盐①对石蕊的颜色是没有影响的。我们把这种既没有酸性又没有碱性的溶液叫作中性溶液，纯净水就是中性的。如果你在一种中性溶液中加入一点儿的酸性物质或碱性物质，那么无论这种溶液是水还是盐溶液，它都能立刻使石蕊变色。

生　让我用石灰水和盐酸来制一种盐看看。

师　好吧。

生　我在石灰水里加一些石蕊，石灰水变蓝了，然后我再加入一些盐酸……这是为什么？水在变红的同时也变清了。

师　道理很简单，石灰在水里的溶解度不大，但是石灰跟盐酸生成的盐却很容易溶解在水里。所以等石灰反应完之后，就没有什么能使水变浑了。

生　不过多少还是有点儿浑浊。

师　这是因为石灰水里面含有杂质。如果我们用纯净的石灰来做实验，水就会变得很清澈。

生　这水是什么味道呢？

师　味道和盐水差不多，只不过更苦一些。

生　我可以把它蒸干吗？

师　可以，你不妨试试看。不过这比蒸干食盐要难得多，因为它很容易溶

___
① 此处特指强酸和强碱生成的盐。

解在水里，所以一直要等到水差不多完全蒸发的时候你才能看得到它。现在我准备讲碳酸了！

生　为什么突然又要讲碳酸呢？

师　你不是想知道石灰水跟二氧化碳反应生成的沉淀是不是盐吗？石灰水是碱性物质，你已经知道了。现在我想证明一下，二氧化碳跟水反应也会生成酸。

生　二氧化碳不就是酸吗？

师　不是，二氧化碳是由氧元素和碳元素组成的，它不含氢元素。

生　那您让它去哪儿取得氢元素呢？

师　去水里获取。二氧化碳溶解在水里，会生成碳酸。

生　那我们怎么获得二氧化碳呢？对了，您只要呼一口气就行了。

师　记性不错，不过这个提议不行，因为我们呼出的气体中二氧化碳的含量不够。我们可以用汽水来做这个实验。先把汽水里的泡沫放走一些，然后用一根插有玻璃管的塞子堵住瓶口，这样就能把瓶子里的二氧化碳通入一只装着水的玻璃杯里。我事先在水里滴了一滴石蕊溶液，现在你注意看。

生　水变红了，不过带了点儿紫色。

师　你的观察结果是正确的。之所以会这样，是因为碳酸的酸性不强。碳酸的水溶液尝起来几乎没有酸味，即使把镁放进去，氢气产生的速度也很慢，所以说碳酸是一种弱酸。

生　为什么呢？

师　人有强弱之分，酸也一样。今天就讲到这里吧！

# 第三十一课 | 化学当量

师　昨天学的东西不大容易懂吧。

生　刚开始我总感觉很困难很复杂，但仔细想过一遍之后，就发现原来再简单不过了。这种情况已经发生过很多次了。

师　现在我倒很想知道昨天学的东西你有没有消化呢？

生　我把酸性物质和碱性物质看作一群正在玩游戏的男孩和女孩。假设每次跑掉一个男孩和一个女孩，那最后剩下来的要么全部是男孩，要么全部是女孩。酸性物质和碱性物质也一样，它们生成盐之后，剩下的不是酸性物质就是碱性物质。石蕊变红或变蓝，取决于剩下的东西是什么。

师　说得好，你确实抓住了问题中的关键点，那我们就沿着这个方向继续讨论吧。我先称 40 克氢氧化钠，把它放进一只容积为 1 升的瓶子里，再加三分之一蒸馏水进去，把瓶子摇一摇，等氢氧化钠完全溶解之后再把水加满，摇一摇瓶子，使它成为均匀的溶液。

生　您做的是氢氧化钠溶液吗？

师　是的，我做的是一种浓度比较低的溶液。你来看看这副仪器：这是一根玻璃管，直径约为 1.2 厘米，上面有毫升和十分之一毫升的刻度。

它的下端比较细，一根橡皮管把它和另外一根尖头玻璃管连接起来了，橡皮管上还有一个止水夹。

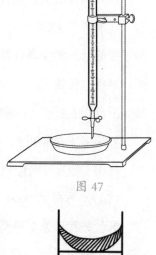

生　这是用来做什么的呢？

师　它叫滴定管（图 47），用它来量溶液再好不过了，一滴都不会错。我把氢氧化钠溶液从上面倒进去，然后打开止水夹，使溶液的表面与 0 刻度齐平。

图 47

生　溶液的表面是凹陷的，到底以哪一点为准呢？

师　读出与凹液面最低处持平的刻度就行了（图 48）。我们观察滴定管的时候最好对着光。现在，我用移液管量出 5 毫升盐酸，滴进一个蒸发皿中，再加一滴石蕊溶液进去。

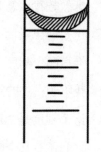

生　它肯定会变红的。

师　没错。现在我把氢氧化钠溶液加进去，同时用玻璃棒搅拌，你看到什么了吗？

图 48

生　看不出什么特别的现象。有了有了，现在溶液里有蓝点出现了！但是立刻就不见了。您得继续搅拌它才会重新变红。

师　现在酸差不多反应完了，所以我要一滴一滴地把氢氧化钠溶液滴进去。

生　很快就变蓝了！

师　加进去的氢氧化钠刚好跟 5 毫升盐酸生成了盐，也就是说，它们恰好中和了。让我来看看究竟用掉了多少氢氧化钠。嗯，23.27 毫升。

生　让我看看。没错，那"黑月亮"的位置刚好在刻度 23 下面的第二条线和第三条线之间，而且离第三条线更近。不过我没法读出精确的数值。

师 等你有了更丰富的经验，你自然就会了。现在我们来稀释盐酸，使每毫升的盐酸恰好消耗 1 毫升的氢氧化钠溶液。

生 您准备怎么做呢？

师 很简单，把 5 毫升盐酸稀释成 23.27 毫升不就行了吗？

生 对哦，我真笨。

师 所以现在我要罚你做一道计算题：如果你想得到 1 升稀释的盐酸，你要用多少盐酸呢？

生 我用 5 毫升可以得到 23.27 毫升，用 $\frac{5}{23.27}$ 可以得到 1 毫升，用 $\frac{5 \times 1000}{23.27}$ =214.9 可得到 1000 毫升，也就是说，我们需要用到 214.9 毫升盐酸。您教教我该怎么量呢。

师 这是一个量筒，最高的刻度表示 1 升。在你倒入盐酸之前，你得先看准每两个刻度之间是多少毫升。

生 我不明白您的意思。

师 这个刻度是 700 毫升，这个刻度是 800 毫升，你数一数，这两个刻度之间还有几个刻度？

生 还有 9 个，第五个刻度比其他几个更长。

师 是的，700 毫升和 800 毫升之间的容积是 100 毫升，所以……

生 每两个刻度之间的容积是 10 毫升。

师 没错，所以你要把盐酸加到 210 毫升，然后再一点点添加。

生 最后这一点而还是请您来加吧，我怕自己做不好。

师 你试试看，加得不对还可以想办法补救。

生 我好像加太多了。

师 现在你再往量筒里面加水，一直加到 1000 毫升。好了，现在你摇一摇量筒，然后把它们倒进一只瓶子里。现在来看看我们究竟有没有做对。

生　恐怕已经迟了。

师　不迟。我跟先前一样，用移液管取出 20 毫升盐酸。如果我们做对了，那么只要用 20 毫升氢氧化钠溶液就能使它中和。

生　滴定管里面没有这么多氢氧化钠溶液了。

师　我先把它装满，然后把多余的氢氧化钠倒进另一只玻璃杯里，直到它恰好与 1000 毫升的刻度齐平为止。现在我可以开始做实验了。因为我知道大概要用多少氢氧化钠溶液，所以我一次性加进 19.5 毫升进去。

生　放得太多了，已经变蓝了。

师　只要搅一搅它就会变红。现在要一滴一滴地加了。好了，实验做完了，我一共用掉了 20.1 毫升氢氧化钠溶液，说明你加的盐酸确实过量了，现在我们要往里面多加些水才行。

生　又得算了。

师　这次很简单，每 20 毫升盐酸须加 0.1 毫升水，所以 100 毫升盐酸要加 0.5 毫升水，980 毫升盐酸要加 4.9 毫升水。所以，你再加 4.9 毫升水进去就行了。

生　怎样把它加进去呢？

师　我这里还有一根空的滴定管。你把蒸馏水倒进去，让水面与 0 刻度齐平，然后把 4.9 毫升水滴进装盐酸的瓶子里。

生　照您说的，我做好了。

师　好，现在我们再摇一摇瓶子，看看有没有做对。但我们之前用过的移液管还没有干，如果我们现在直接用它，结果就会有问题①。

生　那就得等它干了才能用。

---

① 因为现在的盐酸浓度已经跟刚才不一样了。

**师** 这倒不用，我们用新制的盐酸把它洗一洗就能用了。

**生** 这一点我应该想到的！

**师** 这次恰好用了 20.00 毫升氢氧化钠溶液。

**生** 您为什么不直接说 20 呢？

**师** 就算小数点后面都是 0，我们也要把它们读出来。现在我要让你做一个实验，你明天把结果告诉我。这里有两只瓶子，一只瓶子里装的是硫酸，另一只瓶子里装的是硝酸①。你按照我刚才配制盐酸那样，配制一瓶稀硫酸和一瓶稀硝酸，它们要能与同体积的氢氧化钠溶液中和。

**生** 也就是说，我要先用氢氧化钠和 5 毫升酸性溶液中和，然后计算需要把酸性溶液稀释到什么程度。

**师** 没错，在实验开始之前，你要记得先晾干移液管和量筒。还有，每次都要好好摇一摇瓶子。

**师** 实验做好了吗？

**生** 好是好了，不过您可别怪我，我一开始把酸稀释得太过了，只好把它们倒掉了。

**师** 这很正常，其实你不用把它们倒掉，只要再往里面添加原液就可以了。你等会儿仔细想一想计算的方法。现在我再把另一种碱性物质溶解在水里，让它和等体积的盐酸中和。

**生** 它和氢氧化钠很像。

**师** 但它并不是氢氧化钠，而是氢氧化钾。如果我们不用盐酸，而用另外两种酸来量氢氧化钾，你觉得结果会怎么样？

---

① 硝酸和硫酸都是强酸，属于危险化学品，必须在老师的指导下才能用它们做实验。

生　我怕我猜得不对。

师　你说说看嘛！

生　我猜另外两种酸对氢氧化钾的作用跟它们对氢氧化钠的作用是一样的。不过从另一方面来看，这又是不对的，因为它们生成的盐是不同的。

师　你猜得对。如果每升氢氧化钠溶液里含有 40.01 克氢氧化钠，那么每升盐酸里就必须含有 36.47 克氯化氢才能彼此中和。再比如，每升中含有 56.11 克氢氧化钾的溶液可以中和 36.47 克盐酸，还可以中和 49.08 克硫酸或 63.02 克硝酸。我们可以把这些数据做成表格，每一行代表酸和碱发生中和反应时各自所需的量，我们称之为化学当量。通过这个表，我们可以看出这些酸和碱究竟是照着什么比例生成盐的。

| 酸 | 碱 |
| --- | --- |
| 盐酸 36.47g<br>硫酸 49.08g<br>硝酸 63.02g | 氢氧化钠 40.01g<br>氢氧化钾 56.11g |

生　这并没有什么特别的呀！

师　你好好想想，假如我用另一种碱——比如氢氧化钙——来跟氯化氢中和，发现需要用 37.06 克氢氧化钙才能和 36.47 克氯化氢发生中和，那我就不用再做实验，就能知道 37.06 克氢氧化钙也可以跟 49.08 克硫酸或 63.02 克硝酸生成一种盐了。同理，假设我们知道 40.01 克氢氧化钠可以中和若干克醋酸，那我们也就知道了多少克醋酸可以跟多少克氢氧化钾或氢氧化钙生成盐了。

生　现在我明白了。也就是说，只要若干克酸可以跟 40.01g 氢氧化钠发生中和反应，那它也可以跟表格中其他定量的碱发生中和反应。

师　没错，所以说 37.06 克氢氧化钙或 56.11 克氢氧化钾在中和反应中的作用与 40.01 克氢氧化钠完全相同。

生　这肯定是一条常用的定律！

师　是的。我们把表格中的数据称为酸和碱的中和当量。如果我们想知道一种新酸的当量，那就只要知道多少克这种酸能与某一当量的任意一种碱生成一种中性的盐就行了。遇到一种新的碱时，也是这样。

生　您能打个比方吗？这样或许能让我更明白。

师　当然。比如，你可以用 100 马克换到数值各不相同的英国货币、法国货币、美国货币和俄国货币，我们用 E、F、A、R 分别表示这四种与 100 马克价值相等的货币。现在，你可以用 100 马克买进质量各不相同的小麦、煤、铁、纸、麻布等商品。让我们来列一个表：

| 货币 | 商品 |
| --- | --- |
| 100M（马克） | w（小麦） |
| E（英币） | k（煤） |
| F（法币） | e（铁） |
| A（美币） | p（纸） |
| R（俄币） | l（麻布） |

其中，w、k、e、p、l 分别表示小麦、煤、铁、纸、麻布的质量。只要看一眼这个表格，你就能知道用多少某种货币能买到多少某种商品了。如果你想把意大利的货币加进表中，那么只要你知道 w、k、e、p、l 中任意一种商品值多少意大利货币，那么你就能立刻知道剩下的几种商品各值多少意大利货币。反过来也是这样：100 马克和 E、F、A、R，只要你知道其中任意一种货币能买到多少某种新的商品，那么你就可以立刻知道其余几种货币可以买到多少这种新的商品。

生　原来这么简单啊！

# 第三十二课｜原子量

师　你把昨天学过的内容回顾一下。

生　一种酸性物质和一种碱性物质发生中和反应时，各自都有一定的当量。这么说来，当量就是化合量啦。

师　说得很好！这一点的确很重要。现在你得再学一条新定律了，这条定律的适用范围比你刚才讲的那条还要广。

生　我理解得了吗?

师　我觉得没问题，因为它很简单。任何物质都有一定的化合量，当两种物质发生反应生成化合物时，其化合量总会构成一定的比例。

生　我一时还听不懂。

师　你用不着立刻就听懂。这就好比吃苹果，我们得一口一口把它"吃"下去。先说元素吧，我刚刚说的这条定律也适用于元素。

生　那是当然，因为物质是由元素组成的。

师　没错，举个例子吧：氧的化合量约为 16，汞的化合量约为 200，所以当它们化合为氧化汞时，16 份氧气需要消耗 200 份水银。反过来说，当氧化汞受热分解时，216 份氧化汞也可以生成 200 份水银和 16 份氧气。由此可见，氧化汞中所有元素的化合量之和是 216。我们也可以把这些数值称作反应量，因为它们表示一切物质参与化学反应时的质量。

生　所以，物质与物质发生化学反应时，它们的重量都是固定不变的，如果我们多拿一些或少拿一些其中的某种物质……

师　那就会剩下一种物质，因为它超出了一定的比例。只要好好想一想，你就能知道接下来我所说的这种情况对于化工业是多么有利了：只要知道元素的化合量，就能知道由它们组成的所有化合物的质量，也能知道所有物质应该按照什么比例来参与化学反应。我们还可以由此得知一定量的反应物可以得到多少产物。反过来也一样，我们可以算出一定量的产物需要消耗多少反应物，这样就能避免浪费反应物了。

生　您以前跟我说过定律的重要性，现在我终于理解了。那这些数据是怎么得来的呢？

师　通过两种方法得来的。第一种方法是把化合物分解，然后一一求出产物的质量；第二种方法是让称好的反应物变成化合物，然后去求化合物的质量。知道了化合物的质量，就能求出元素之间的比例了。

生　请您举个例子吧。

师　我还是以氧化汞为例，假如我们把它分解为氧气和水银，那我们得到的氧气和水银的质量之比就是 $1 : 12.5$。为了便于计算，我们把氧的化合量定为16，那么水银的化合量 $x$ 可以这样求出来：$1 : 12.5 = 16 : x$，所以 $x = 200$。

生　这正是我想问您的，氧的化合量是怎么得来的呢？

师　这就和长度单位、质量单位一样，是由我们选定的。至于为什么恰好把它定为16.00，这一段历史说来话长，我以后再跟你讲吧。

生　所有元素的化合量都是在氧的基础上得出来的吗？

师　大部分都是。之前讨论酸和碱的时候，你不是看到过吗？我们也可以先规定另一种元素的化合量，然后再根据这个化合量去决定其他元素的化合量。

生　虽然这很简单，但是我一时还无法适应。每一种元素都是由相同的东西构成的吗？

师　实际上，化学家很久之前就是这样想的。他们认为每种元素都是由很小的东西构成的，我们把这种很小的东西称为原子，意思就是说它们不能再分裂了，比如硫的原子彼此都是一样的。假如我们现在有一种极其精密的天平可以称出每个氧原子的质量，同时又有一种极其微小的砝码，那么只要使 16 个这种砝码与另一端的 1 个氧原子保持平衡，我们就会知道每个汞原子需要 200 个砝码才能实现平衡。所以我们也可以将元素的化合量看作它们的原子量。实际上，我们也确实更多地称其为原子量。

生　这是真的吗？

师　当然是的。现在我想告诉你关于元素的另一种知识：我们可以用不同的符号来表示各种元素，比如用 O 表示氧元素、用 Hg 表示汞元素、用 H 表示氢元素、用 Na 表示钠元素、用 K 表示钾元素、用 N 表示氮元素、用 Cl 表示氯元素、用 C 表示碳元素。这样一来，我们只要把元素的符号按照一定的规律组合成化学式，就可以表示它们的化合物。比如，氧化汞的化学式是 HgO、氯化氢的符号是 HCl⋯⋯

生　这些符号是怎么选择的呢？有些是德语名称中的首字母，有些又不是。

师　它们全部都是首字母，但不是德语名称中的首字母，而是拉丁文或希腊文名称中的首字母。O 是 Oxygenium 的缩写，H 是 Hydrogenium 的缩写，N 是 Nitrogenium 的缩写，S 是 Sulphur 的缩写，C 是 Carbo 的缩写，Na 是 Natrium 的缩写，因为要与 N 区分开来，所以多了一个字母 a。其他符号也是这样。

生　用这些符号有什么好处呢?

师　字母少，比较省事。比如，我们看到 HCl 这个符号，既能看出它是由氢元素和氯元素组成的，也能算出这两种元素组成氯化氢时的质量比，从而求出氯化氢发生任何化学反应时的反应量。仅仅由三个字母组成的符号，就能告诉我们这么多信息!

# 第三十三课 | 倍比定律

师　你概括一下昨天所学的内容。

生　每一种元素都有一个化合量或原子量。另外，我还学会了化学式的写法是，只要把各种元素符号按照一定规律组合起来就行了。

师　化学式有什么用呢？

生　它能告诉我们这个化合物是由什么元素组成的。

师　没错，其实我们还可以用化学式来写化学方程式。之前（第十三课）我就写过一个化学方程式：

$$2HgO \xrightarrow{\triangle} 2Hg + O_2\uparrow ①$$

看一眼这个化学方程式，我们就能知道氧化汞在受热分解或形成时各种物质的质量关系。

生　我们可以用化学方程式表示所有的化学反应吗？

师　可以，但两边元素的种类和数量必须相等，否则这个化学方程式一定是错的。

---

① 化学方程式中的三角形表示加热，向上的箭头表示气体，向下的箭头则表示沉淀。

生　为什么呢?

师　这是由元素守恒定律决定的。我们不能使一种元素变成另一种元素，也不能使物质的质量在反应之后发生变化，这一点你是知道的。

生　如果我们随便写出一个化学方程式，只要它两边的元素数量是相等的，它就是对的吗?

师　这是什么话? 这话是不对的。并不是所有的物质之间都能发生化学反应，实际上，我们所知道的化合物并没有想象中的那么多。而且理论上可以发生的化学反应，也并不能全部发生。

生　为什么呢?

师　有可能是受到条件的限制，比如温度、压力等。

生　化合量定律是不是不太可靠呢?

师　不，它是一条可靠的定律。虽然我们用了各种精密的测量方法，但至今也没有发现它有丝毫破绽。

生　那么关于它还有什么可以讨论的呢? 您曾经说过，不存在跟它不一致的情况。

师　那是当然，但是存在更为复杂的情况。你还记得碳和氧的化合物一共有几种吗?

生　一氧化碳和二氧化碳，前者含氧较少，后者含氧较多。

师　不错! 你联系化合量定律想一想这两种情况，有没有哪一点能引起你的注意呢?

生　没有。

师　你把一氧化碳的化学式写出来。

生　应该写成 OC 吧?

师　差了一点儿，应该写成 CO。二氧化碳的化学式呢?

生　这该怎么写呢? 元素都是一样的……

师 这一点正是我们现在要讨论的。你要知道，两种元素不但能以 1 ∶ 1 的比例化合，还能以 1 ∶ 2、1 ∶ 3、2 ∶ 3 等各种比例化合。

生 是我把问题想得太简单了！

师 假设用 A、B、C 等符号代表三种元素，那么它们化合物的化学式就可以用 $A_mB_nC_p$ 来表示，其中 $m$、$n$、$p$ 分别表示一个正整数。

生 那二氧化碳的化学式应该怎么写呢？

师 我之前说过，二氧化碳中所含的氧恰好是一氧化碳的两倍，所以一氧化碳含有一个氧原子，而二氧化碳却含有两个氧原子。

生 那化学式呢？

师 写作 $CO_2$。你计算一下二氧化碳的成分。

生 要怎么算呢？

师 查一下元素周期表你就知道了。碳的原子量大约是 12，氧的原子量大约是 16。

生 所以说需要 12 份碳和 32 份氧才能组成二氧化碳。

师 没错，其他化合物也是这样算的。

生 但我总觉得奇怪，我们是怎样得到这种化学式的呢？我们可以用它们来计算化合物的组成，一算就算出来了。

师 我没听明白。

生 我的意思是，我们是用什么方法正确地得出化合物的组成形式的呢？

师 我还是没听明白。你的意思是我们在知道化合物的组成形式之前，就已经知道它的化学式了，对吗？

生 我就是这个意思。您给我一些化学式，我就能根据这些化学式计算出它们各自的成分及其数量。

师 大错特错！我们一直都是先通过实验了解化合物的组成，然后才得出正确的化学式。

生　现在我好像有点儿明白了。

师　化学式怎么会凭空而来呢？我们一直都是做完定量实验之后才去设立化学式的。

生　现在我完全明白了。

师　你再想一想氧化汞的例子。水银在氧气中加热会生成氧化汞，根据质量守恒定律，氧化汞的质量等于水银与氧气的质量之和。如果我们知道其中两种物质的量，就能算出第三种物质的量。

生　是的。

师　我们再以水和氢气为例。我们之前做过一个实验，使氢气通过加热的氧化铜，这时氧化铜会把氧元素交给氢元素，从而生成水和铜。在实验结束后，分别称一称水和铜的质量，相比于实验前氧化铜的质量，铜所减少的质量就是氧元素的质量，而氢气的质量就等于水和氧元素的质量之差。

生　请您把这个化学方程式写给我看看吧！

师　方程式是 $H_2 + CuO \xrightarrow{\triangle} Cu + H_2O$。只要我们称出氧化铜、铜和水这三种物质的质量，就能算出氢气的质量，因为方程式两边的质量总是相等的。

生　说来说去还是绕不开质量守恒定律。

师　是的，我们会经常用到这条定律。

生　我们为什么不称一下氢气呢？

师　氢气太轻了，称起来很不方便。在标准大气压下，1克氢气的体积就有 11.2 升。

生　原来是这样！也许您还可以告诉我，水的化学式为什么比氧化汞的化学式多了一个 2 呢？

师　这与两种元素可以组成不同的化合物有关。你再想一想一氧化碳和二氧化碳，如果以前者为标准，那么碳的化合量就是 12，因为在一氧化碳中，16 份氧恰好需要 12 份碳；如果以后者为标准，那么 32 份氧恰好需要 12 份碳，而 16 份氧只需要 6 份碳，所以碳的化合量就是 6。

生　如果以后者为标准，那一氧化碳的化学式应该怎样写呢？

师　那就得写成 $C_2O$。

生　是的，但我们凭什么要用一氧化碳作为标准呢？

师　这两种标准本来都是可以的，但通过多方面的考虑，我们还是觉得把碳的化合量定为 12 比较好。

生　我还是没法完全理解。

师　你现在是不可能完全理解的，因为你学到的知识还远远不够呢！你还记得酸的定义吗？

生　记得。酸是含有氢元素的化合物，它们跟镁发生反应时会放出氢气。

师　没错，同样是酸，盐酸（$HCl$）和硝酸（$HNO_3$）的化学式中只含有一个氢，而硫酸（$H_2SO_4$）……

生　而硫酸却有两个。这是为什么呢？

师　如果你想让硫酸中所含有的氢原子等于盐酸或硝酸中所含有的氢原子，那你就应该把硫酸的化学式写成 $HS_{\frac{1}{2}}O_2$ 才对。但我们已经规定了，不能把原子数写成分数，所以只能将硫酸的化学式写作 $H_2SO_4$。

生　这和一氧化碳、二氧化碳的情况很相似。

师　是的，在有些情况下是相似的。氢氧化钙也一样，你把它的化学式除以 2，然后写出来看看。

生　$Ca_{\frac{1}{2}}OH$。

师　如果我们要避免出现 $\frac{1}{2}$，那就必须把氢氧化钙的化学式写成 $Ca(OH)_2$。

生　OH 对于碱性物质来说，就跟 H 对于酸性物质一样，都是不可或缺的。

师　我们把它叫作氢氧根，一般写作 $OH^-$。大部分碱性物质中都含有氢氧根。

生　所有含氢元素和氧元素的化合物都是碱性物质吗？

师　不是的，有些含有氢和氧的化合物不是碱性物质。

生　那我们怎样才能确定一种化合物是不是碱性物质呢？

师　碱性物质可以与酸性物质中和。现在你把生成氯化钠的化学方程式写出来给我看看。盐酸和氢氧化钠发生反应会生成氯化钠，之前你已经见过了。

生　$HCl+NaOH \xlongequal{} NaCl$。

师　错了。

生　化学式不都是对的吗？

师　但是这个方程式违背了元素守恒定律。你看看这个方程式，左边比右边多了些什么？

生　多了一个氢、多了一个氧……又多了一个氢。

师　所以说，多了两个氢和一个氧。发生反应时没有释放气体，所以结果一定是生成了一种非气态的化合物。

生　我明白了，是水。

师　是的，现在你把这个化学方程式补充完整。

生　$HCl+NaOH \xlongequal{} NaCl+H_2O$。

师　这才对嘛！你看，即使我们不会写化学方程式，也能根据化学定律预知会生成哪些物质。

生　真神奇！不过这种方法可靠吗？

师　在比较简单的情况下是不会错的，但在比较复杂的情况下就不一定了。不管怎样，我们必须通过实验来证实化学方程式的正确性。

生　我可以看到这个实验是怎样做的吗？

师　当然可以。使氯化氢气体通过氢氧化钠，它们就会发生化学反应。

生　请您做一下这个实验吧!

师　做这个实验必须要有氯化氢气体,但是我们还没有讨论过怎样才能得
　　到氯化氢气体,等我们以后讲到它的时候再来做这个实验吧!

# 第三十四课｜气体化合体积定律

师　这节课我们要讲氯化氢气体了。氯化氢分子的组成比例是多少呢？

生　在氯化氢分子中，氢的原子量是 1.01，氯的原子量是 35.46，所以
　　36.47 份氯化氢中含有 1.01 份氢和 35.46 份氯。

师　没错，那么，这是以质量还是以体积计算的呢？

生　当然是质量啦！

师　是的，那么在合成氯化氢气体的反应中，氢气和氯气的体积比是多
　　少呢？

生　我可没法事先知道。

师　虽然现在不知道，但我们可以通过计算得知，只要记住 1.01 克氢与
　　35.46 克氯的体积分别有多少就行了。

生　那我们怎么才能知道呢？

师　我们知道一定质量的氢气或氯气的体积，就可以计算出 1.01 克氢气或
　　35.46 克氯气的体积了。

生　请您给我算一下吧。

师　你先记住每立方分米氢气的质量约为 $\frac{1}{11}$ 克，说得准确点儿，就是
　　0.0901 克，也就是说，0.0901 克氢气的体积是 1 立方分米。那么，1.01

克氢气的体积应该是多少呢？

生　$1.01 \div 0.0901 = 11.210$ 立方分米。

师　对啦，我们算到小数点后第一位为止，就当它是 11.2 立方分米吧。氯气的密度是 0.00316 克每立方厘米，那么 35.46 克氯气的体积是多少？你算的时候可要细心点儿，不要算错了。你知道密度的定义吗？

生　密度是指单位体积的质量，而单位体积是 1 立方厘米。

师　对啦，像这样算，1 立方厘米氯气的重量应该是 0.00316 克。

生　啊，我明白了！1 立方厘米氯气的质量应该是 0.00316 克，那 1 立方分米氯气的质量就应该等于 3.16 克，而 35.46 克氯气的体积就应该是 $35.46 \div 3.16 = 11.2$ 立方分米，这个数值和之前的完全一样，好奇怪啊。

师　这说明了什么？

生　说明 1.01 克氢气和 35.46 克氯气的体积是一样的。

师　不仅如此，还说明氯气和氢气是等体积化合成氯化氢的，氯化氢的密度是 0.001625 克每立方厘米，那么，由 1.01 克氢气与 35.46 克氯气反应生成的 36.47 克氯化氢的体积是多少呢？

生　$36.47 \div 1.625 = 22.4$ 立方分米。

师　你注意到什么了吗？你把这个数值和之前的数值比较一下。

生　正好是之前那个数值的一倍，真好玩！

师　这可不好玩，要严肃对待！它和一条重要的定律有关，也是你碰到的有关这条定律的第一个例子。

生　又是一条定律？我总是不知不觉地掉进定律里，别人也像我这样吗？

师　我是故意将你带到这些定律里的，好让你认识它们。

生　原来您是故意的啊！

师　你说说你刚才看到的情况。

生　如果氯气和氢气化合，那么它们的体积总是相等的。

师　或者说氯气和氢气是等体积化合的，那氯化氢呢？

生　它的体积恰好是氯气和氢气的体积之和。

师　对啦，其他一切化合物的性质也都是这样。

生　真的吗？

师　是的，但反应物的体积不一定相等。它们也可能是 1 ：2、1 ：3、2 ：3
　　的比例，气态反应物化合时占有的体积，我们可以用 $m$ ：$n$ 表明，$m$
　　和 $n$ 都是整数。

生　这情形和原子量是一样的！

师　对啦，并且产物的体积与反应物的体积之间也存在一种简单比例。现
　　在，我给你列出一些气体的密度，你算一下每种物质每一原（分）子
　　量的体积是多少。

| 物质名称 | 密度（克 / 厘米$^3$） |
|---|---|
| 氧气 | 0.00143 |
| 氢气 | 0.0000901 |
| 水蒸气 | 0.000804 |
| 氮气 | 0.00125 |
| 一氧化碳 | 0.00125 |
| 二氧化碳 | 0.00196 |

生　计算之前我需要先把密度单位换算成克每立方分米，也就是乘以
　　1000，然后再用相应物质的原（分）子量除以这个数值。

师　没错，你把计算的结果列成一个表格。

生　奇怪！结果不是 11.2，就是 22.4。

| 物质名称 | 原（分）子量：密度（克／升） | 结果 |
|---|---|---|
| 氧气 | 16：1.43 | 11.2 |
| 氢气 | 1.008：0.0901 | 11.2 |
| 水蒸气 | 18.02：0.804 | 22.4 |
| 氮气 | 14：1.25 | 11.2 |
| 一氧化碳 | 28：1.25 | 22.4 |
| 二氧化碳 | 44：1.96 | 22.4 |

师　这并不奇怪，根据你刚刚学的定律，就应该是这样的。

生　为什么？我学的是气体体积在任何反应物中都存在一个简单的比例，但我们不能得出：质量是原子量数值那么重的气体，所占体积是一样的。

师　为什么不能得出这个结论？就拿氯气来说，1 升氯气能与 1 升氢气反应，你是知道的，但氯气与氢气也能分别与其他物质反应生成别的产物，比如氢气与氧气反应生成水就是一个例子。上面的定律对这个例子也适用，就是 1 升氢气只能与 1 升氧气反应，你可以以此类推，所以如果你从 1 升气体出发的话，那么，经过化合、分解等任何化学反应，得到的其他一切气体单质或气体化合物，其体积都可以用整数计算。即使你以 11.2 升做单位，结果也是这样。

生　现在我明白了，这与原子量的情形完全相同。

师　是的，那么密度和原子量又有什么关系呢？

生　让我想一想，气体的密度是每毫升气体的质量，也就是相同体积气体的质量；体积相同可以互相反应——这么说来，密度之间的关系和原子量之间的关系相同。

师 没错，没想到你这么快就想出来了！

生 我鼓足了勇气才说出这个结论。

师 这是一个很大的进步，不过你刚刚说得不全对，我们往往还要加上一个条件，氢气的原子量是它密度的 11.2 倍，水的分子量却是它蒸气密度的 22.4 倍。

生 我糊涂了，为什么会有这种区别呢？难道我们规定原子量时，就不能不出现这种混乱的情形吗？

师 不，这与实际体积有关。你仔细回想一下之前的例子，一份体积的氯气与一份体积的氢气反应生成两份体积的氯化氢，假如密度和原子量成比例，那么，氯化氢就应该只占一份体积，而不应该占两份体积。所以当我们选择原子量的时候，就没法使它与蒸气密度构成一个简单的比例。

生 要是那样的话，就方便多了。

师 化学家也是这样想的，所以他们创造了分子量的概念，所谓分子量，就是 22.4 升气体的质量①。

生 根据我的理解，我们应该用 2 去乘以那些只能表示 11.2 升的元素才行。

师 是的，你说到点子上了，凡能表示一个分子的化学式，我们都称之为分子式。你把氯气与氢气的分子式写出来看看。

生 2H、2Cl。

师 不对，你应该写成 $H_2$ 和 $Cl_2$，现在你把氢气和氯气化合生成氯化氢的化学方程式写出来。

---

① 分子量，即相对分子质量，是指化学式中各原子的相对原子质量之和。原著对分子量的定义是基于气体而言。

生　$H_2 + Cl_2 \xrightarrow{\text{点燃}} H_2Cl_2$

师　又错了，36.47 克氯化氢占有 22.4 立方分米的体积，所以你应该写成 $H_2 + Cl_2 \xrightarrow{\text{点燃}} 2HCl$ 才对。

生　我明白了，这个方程式好在哪儿呢？

师　它不但能表示各物质发生反应时的质量之比，还能表示体积之比。分子式表示的是相同体积的气体，所以分子式前面的那些数值就是表示参与反应的气体的体积之比，所以你也可以这样把方程式读出来：一份体积的氢气与一份体积的氯气发生反应，生成两份体积的氯化氢。

生　现在我知道了，用分子式写出来的方程式所包含的信息更多。但我们怎么判断它是由单原子还是双原子组成的呢？

师　只要我们遇到的元素化学式被写成双倍大时，就能看出来了，比如在刚刚那个方程式中，我们写的不是 $2Cl$，而是 $Cl_2$。我们通常把它写成分子式，这是分子式的唯一特征。

生　我们为什么不把它们都写成分子式呢？

师　我们只知道一部分气态的组成，因此不能把它们都写成分子式。你别忘了，分子量的概念是以气体的密度为基础的。

生　我明白了。说到这里，我还想向您请教一个我思考了很久的问题：气体的密度与体积随着温度的高低或压力的大小而改变，我们怎么能用一条这么简单的规律去总结一个不确定的数值呢？

师　你一定是忘了我说的：各种气体的密度是基于一个大气压和 0 摄氏度所确立的。

生　对不起，我想起来了，但如果在标准状况下气体变成液体或固体了，那该怎么办呢？

师　那我们就在其他适宜的温度与压力下比较它们的体积就可以了。

生　我还是理解不了。

师 你知道，一切气体的体积都随着压力或温度的改变而改变。氯气和氢
气在标准状态下化合为氯化氢时占有相等的体积，那么它们在300摄
氏度与0.1个大气压下所占有的体积也是相同的（但这个体积与在标
准状态下的那个体积是不同的），而且在任何压力与温度条件下都是
如此，只要我们把氯气与氢气放在相同的温度和压力下比较就可以了。

生 原来是这样啊！真是出乎意料，可能是我想得太复杂了，但是说实话，
我还是没有完全理解。

师 那好，现在我们换个角度来看看，可以这样描述：对于一些可以蒸发
的物质，我们按照分子量，每种取来若干，放在等温等压的环境下，
那么它们的体积一定是相同的。

生 这好像又是一条新定律。

师 不，还是之前那条定律，如果我们用原子量来代替分子量，那么，大
多数物质（尤其是双原子单质分子）也具有相同的体积，只不过有时
占有一半，有时只占四分之一、六分之一或八分之一。

生 这和之前的那条定律有什么关系？

师 它们的关系是这样的：因为化学反应只能按照原子量或其倍数的比例
发生，而原子量所占的气体体积却是相等的，或是彼此构成一个简单
的比例，所以气体与气体之间也依照简单的体积之比发生了反应。

生 我现在明白了，其实很简单。

师 可是化学家还是嫌麻烦，他们先假设气体的密度与它们的原子量成正
比，那么当各种气体的体积相同时，其中所含有的各种气体的原子数
目也相同。

生 我觉得这个结论太轻率了。

师 但它是对的，因为密度的数值本来就与单位体积的质量的数值相同，
如果每毫升氢气与氯气的质量之比是1.01：35.46，而每一个氢原子

与氯原子的质量比也是 1.01 ： 35.46，那么，每毫升氢气中所含有的氢原子与每毫升氯气中所含有的氯原子一定相同，否则我们就得不到同样的质量之比。

生　我现在明白了。

师　但化合物就不是这样了，因为氢气与氯化氢的密度之比不是 1.01 ： 35.46，而是 2.02 ： 36.47。

生　那化学家怎样解决这个困难呢？

师　他们又做了一个假设，假设元素中的原子本身能互相化合，就像与不同原子构成化合物一样，他们称这种化合物为分子，分子量的名称就是这样来的。

生　这个假设有什么用呢？

师　现在，我们可以说：任何体积相同的气体，在等温等压的条件下，包含的分子数是一样的。

生　除了已知的事实之外，它们并没有告诉我们其他的东西，这和原子说是一样的。

师　没错，但这样能便于记忆。还有，对气态物质而言，22.4 升相当于 1 摩尔，如果将其换算成质量（以克来计量），恰好等于气态物质的分子量，所以分子说的重要性、普遍性与原子说差不多。

生　但您以前说过，我们只了解一小部分的气态物质。

师　是的，但除了气体定律之外，我们还发现了一些关于可溶物质的定律，所以我们基本上可以把分子量的概念用于一切物质。

生　您能讲得更详细一点儿吗？

师　现在还没有这个必要，等你了解更多的物质之后，你才能听懂那些知识。

# 第三十五课 | 电解

师 你还记得昨天学了什么吗？

生 我就知道您会问我，昨天学的内容可以总结为：相同体积的任何气体含有相同的原子数。

师 这个回答差不多是对的，但你不应该说原子数，而应该说分子数。到现在为止，我们所讨论的只局限于比较简单的情况，即两种气体以相同体积发生反应。现在，我们再看一下比较复杂的情况。下列物质的密度是通过实验得到的，你算一下这它们的体积。

生

| 物质名称 | 密度（克/厘米$^3$） | 体积（立方分米） |
|---|---|---|
| 氢气 | 0.000090 | 1.01/0.090=11.2 |
| 氧 | 0.00143 | 16.00/1.43=11.2 |
| 水蒸气 | 0.000805 | 18.02/0.805=22.4 |

这样说来，由体积相等的氢气与氧气生成的水蒸气的体积是前者的两倍，这情形与氯化氢是一样的。

师　不对，你能写出水的化学式和生成水的化学方程式吗？

生　$2H+O \xrightarrow{\text{点燃}} H_2O$

师　是的，但一个原子量的氢气的体积只有 11.2 立方分米，所以它的分子式应该写作 $H_2$，那氧气呢？你再想一想！

生　16.00 克氧气的体积是 11.2 升；如果我们要得到 22.4 升氧气，那就得写成 $O_2$。

师　没错！那水蒸气呢？

生　它的体积已经是 22.4 升了，所以不用再乘以 2。

师　那你重新写一下这个化学方程式。

生　让我思考一下，$H_2+O_2$……不对，这样写是不行的……啊！是这样写的：$2H_2+O_2 \xrightarrow{\text{点燃}} 2H_2O$。

师　对啦！对于体积来说，这个方程式有什么意义呢？

生　两份体积的氢气与一份体积的氧气生成两份体积的水蒸气。

师　很棒！你今天的思路很清晰。

生　其实我已经偷偷预习过了。

师　你能提前预习当然是好的。

生　我也是刚刚才理解。其实我既想通过计算来获取这些知识，又想亲眼见到这些情形。

师　可以啊，只要我们把水分解，再把产物收集起来就行了。

生　您打算怎么操作呢？是不是要让氧气与别的物质化合，才能释放出氢气？

师　我准备用电流来做实验，只要在任何一种盐溶液、酸溶液或碱性溶液中通过电流，这些成分就会分开了。

生　这是什么原理呢？

师　具体原因我以后再跟你说，你知道，电流是可以做功的。

生　是的，它还可以推动电车呢!

师　它也能做化学工作，将化合物分离成单质。

生　电灯泡里通过的电流也能做化学工作吗?

师　当然可以，不过不能拿掉电灯泡，不然电流就太大了。我先取一只没有底的玻璃瓶，在瓶口塞一个木塞，再在木塞中插入两根铜丝，将瓶子倒过来（图49）。然后，我把用来连接灯泡与插头的电线剪断（图50），把它的两端分别与刚刚那两根铜丝搓在一起。

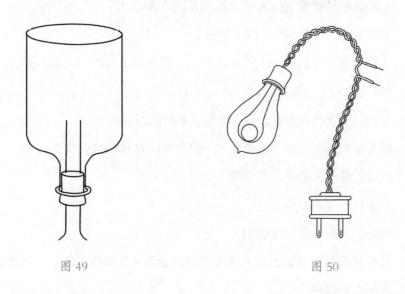

图49　　　　　　　　　　　　　　　　　　图50

生　这个瓶子是您自己做的吗?

师　是的，这很简单。你可以先用玻璃刀绕着玻璃瓶划一圈，然后把两张湿纸搓成纸条，分别围在划痕的上下方，使两张湿纸之间的距离保持在 0.3 ~ 0.5 厘米。接下来，只要你把那条划痕放在火焰上旋转加热，玻璃瓶很快就会顺着这条划痕断开。

生　这是为什么呢?

师　我之前说过，如果玻璃受热不均匀就会裂开。现在，因为玻璃瓶上包着两条湿纸，所以只有湿纸条之间的位置受热，而那条划痕又有利于玻璃裂开。等玻璃裂开后，我们还需要用锉刀磨平。

生　等会儿我要试一下。

师　现在，我往玻璃瓶里倒一些氢氧化钠溶液，打开开关。你看！铜丝上面产生了气泡，并且浮了上来。

生　真好看！请您解释一下吧。

师　氢氧化钠是由什么组成的呢？

生　它是由钠、氧、氢三种元素组成的，化学式是 NaOH。

师　没错，而电流却能使它分解为钠与氢氧根离子，并且在两条铜丝上分离出来。

生　但我既看不见钠，也看不见氢氧根离子呀！

师　你之前学过，钠与水会反应会生成什么呢？

生　会生成氢气和氢氧化钠，方程式是 $Na+H_2O =\!=\!= NaOH+H$[①]。

师　没错。你看，一方面放出来的是水里的氢气，另一方面又不断生成氢氧化钠。

生　那氢氧根离子呢？

师　它不能单独存在，它会按照这个方程式分解为水和氧气：$2OH =\!=\!= H_2O+O$。因为会有两个氢氧根离子在一根铜丝上分离出来，所以另外那根铜丝上面必须分离出两个钠原子。这样你就同时得到了两个方程式：

$$2Na+2H_2O =\!=\!= 2NaOH+2H$$

$$2OH =\!=\!= H_2O+O$$

---

① 钠与水的反应方程式通常写成 $2Na+2H_2O =\!=\!= 2NaOH+H_2\uparrow$。

左边加起来是两个水和两个氢氧化钠，右边虽然能得到两个氢氧化钠，但只得到了一分子水，另外一分子水被分解成氢气和氧气了。

生　我再确认一下。没错，是这样的。

师　虽然氢氧化钠一开始就被电流分解了，但反应中又生成了新的氢氧化钠，所以宏观来看是水被分解了，我们可以把整个反应看作水被分解了。

生　如果不是您手把手教我，我可不敢把这些公式搬来搬去。

师　它们的确是对的，不过那些化学家也是花了很长时间才研究出其中的原理。现在我们先不管其他反应，只关注水的分解。铜丝上生成的气体是氢气和氧气，它们的体积之比是 2∶1，和水分子中的氢氧比例是一样的。

生　我可以观察得到吗？

师　我们只要把气体收集起来就可以观察到了。我们用玻璃管来做实验，这玻璃管有点儿像滴定管（图 47），不过开关一个在上面，一个在下面。我们把它敞开的一端放到氢氧化钠溶液里去，打开开关，从上面把溶液吸进玻璃管里，吸满之后，关上开关。

生　溶液有毒性吗？

师　溶液无毒，但有腐蚀性。现在，我们用两根玻璃管来收集气体，等会儿你就会发现一个玻璃管里的气体更多。

生　肯定是氢气比较多。

师　是的，另一根玻璃管里则是氧气。

生　但是这两种气体看上去是一样的。

师　我们现在就来分辨它们。这里有一个软木塞，接在一根弯成直角形的铁丝上面。我用它塞住浸在液体里的玻璃管，这样就能把它放入另一个容器里面，避免气体发生泄漏（图 51）。

生　原来这么简单！我想了很久也没想出来。

师　现在我把这两根玻璃管放进一个装满水的容器
里，你轻易就能看出一根玻璃管中的气体只有
另一根玻璃管的一半。

生　现在是不是要点燃氢气了？

师　是的，我把玻璃管浸到开关的位置，再将一根
燃烧的木片放在开关出口，然后打开开关。

生　气体烧起来了。

师　你看那暗淡的火光。

生　氧气呢？

师　我们也用同样的方法来做实验，用一根有即将
熄灭的木片来检验。

生　木片又烧起来了！

师　没错。

生　我想自己做一遍这个实验。

师　你只要找到三个湿电池或两个蓄电池就可以做了。但是你要注意，一
定要把不同的电极用铜丝连接起来，还是等你学会怎样应用湿电池再
来做这个实验吧！

生　您说的是。我还想多学一些关于电的知识。

师　在发电机中，电是由做功所产生的一种能，并且可以转变成其他形式
的能。导电体中流动着的电流，是电能最重要的形式。简单地说，就
是电子在导电体中流动。

生　但我们看不出里面有什么东西啊！

师　这就好比我让水流经玻璃管，如果水里没有气泡或者其他东西，你也
看不出玻璃管里面有水。

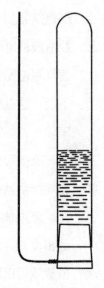

图 51

生　那倒是呢!

师　盐溶液通电时,我们可以强迫电流做功。

生　怎样强迫呢?难道它不能像通过一根铜线那样通过盐溶液吗?

师　不能,这就好比你把水引到水车里,水要从里面通过,就必须要推动车轮。

生　电流能推动什么呢?

师　它能推动盐的成分运动。电流与水流的区别,就是水流只朝一个方向流,而电流却朝正反两个方向流,电流里的正电荷和负电荷的方向是相反的。

生　虽然我可以理解,但我想象不出来,电怎么能在铜线里流向两个方向而互不干扰呢?

师　这很好理解,好比湖面上泛起两处涟漪,这些涟漪会彼此穿过,互不干扰。

生　确实是这样。

师　你知道,盐的成分会在电流的作用下流向正反两个方向,现在我还想告诉你,金属是随着正电的方向走的,氯或是其他与氯同类的元素或化合物则朝着相反的方向走。

生　您能讲得更清楚些吗?

师　假设盐溶液是一些男生和女生,电流的作用,就像你让男生朝着左边跑,女生朝右边跑,这样男生和女生就会分开了。

生　这么说,男生就像金属,而女生就像其他东西。

师　是的,因为金属离子是随着正电流走的,所以我们称之为盐的阳离子,而将其他东西称为阴离子。

生　这些名称是什么意思呢?

师　它们来自德语 Kation 和 Anion,Kat- 表示顺流,ion 表示离子,An-

则表示逆流。阳离子是随着电流走的，所以是顺流；阴离子是逆着电流走的，所以是逆流。阳离子会流到阴极，阴离子会流到阳极。

生　您说的这些东西还挺有趣的。

师　最后，我再告诉你几个名词，由电流引起的分解反应，我们称之为电解，被电解的物质是电解质。阳离子与阴离子统称为离子。任何电解质都是由离子构成的，而且每一种电解质都含有一种阳离子和一种阴离子。发生分解反应时，离子会聚集在电极上，电流会由电极通向电解质里。阳离子是在阴极上分离出来的，而阴离子是在阳极上分离出来的。我把这些概念写在纸上，你得把它们背熟！

生　没问题，这还是您第一次让我背书呢！

# 第三十六课 | 酸

**师** 我昨天写给你的那些概念，你应该已经背熟了吧？你都能理解了吗？

**生** 我觉得我已经理解了，在电解过程中，阳离子会流到阴极，阴离子会流到阳极。

**师** 很好！如果你结合氢氧化钠的分解来看，就会明白离子不一定出现在电极上，多数离子都不稳定，所以一般电极上出现的是离子经过化学反应所生成的物质。

**生** 这和什么有关呢？

**师** 看情况，比如那些能与水发生反应的物质当然不能与水共存，而那些分离之后不能单独存在的离子——如氢氧根离子——就会变成其他性质比较稳定的物质。这个例子可以帮助你理解大部分电解反应。

**生** 我还没有完全理解。

**师** 这很正常，过一会儿我们还会讨论几个新例子，到时候你就会明白的。

**生** 学化学就像走进一座新房子，房间里面的东西我们都能看见，但那些门究竟通向哪里，我们却不太清楚。

**师** 这个比喻很好，不过你很快就会有回到自己家里的感觉了。

**生** 到现在为止，我还在一间房子里面徘徊呢！

师 你的意思是说我们总是在讨论几种相同的物质吗？你要知道，这个房间有很多门可以通往别的房间。接下来，我们就要进入另一个"房间"了，那就是硫酸。

生 我们不是讨论过硫酸吗？

师 是的，我们讨论过稀硫酸，你还记得它的化学式吗？

生 我已经忘了，让我查一下，这次我一定会把它记牢。硫酸的化学式是 $H_2SO_4$。

师 这个化学式有什么意义呢？

生 说明硫酸是由氢元素、硫元素与氧元素组成的。

师 从质量上来说呢？

生 氢是 2.02，硫是 32.07，氧是 64.00。

师 对啦！这只瓶子里的物质组成和你算出来的差不多。

生 它看上去很像水。

师 你拿起来轻轻摇一摇。

生 它比水重很多，而且像油一样。

师 是的，硫酸的密度是 1.85 克 / 厘米³，差不多比水大一倍，而且它的黏性也比水大得多。我往水里倒一些酸，你小心地摸一下瓶子。

生 瓶子变热了。

师 是的，硫酸和水混合会放出大量的热。

生 这些热是从哪里来的呢？

师 硫酸与水发生了化学反应，释放出热量。具体的细节，你以后就会知道的。换句话说，硫酸与水所含有的能量，混合之前比混合之后多，而混合之后放出来的热量就是多余的能量。

生 这和物质燃烧是一样的，物质在燃烧前所含有的能量也比燃烧后多。

师 是的。假如我们把硫酸放在潮湿的空气中，那它就会吸收空气中的水蒸气，变为稀硫酸，空气会变得干燥。

生　如果空气中没有水分，窗户上面是不是就不会结冰了？

师　正是这个意思。硫酸吸收水分后，体积会大大增加，所以我们保存硫酸时千万要注意，硫酸不能超过容器容积的四分之一，否则硫酸很容易就会溢出来。

生　这是为什么？

师　硫酸是一种强酸，它遇到碱会发生反应，碰到盐类就会分解，这些我们以后还要详细讨论。除此之外，这也跟硫酸的吸水性有关，我现在往木板上滴一滴硫酸，你看，木板上面立刻就出现了一个黑点。

生　就像烧焦的木头。

师　确实很像。木材主要是由碳、氢、氧三种元素组成的，而后两种元素在木材中的比值恰好和水一样。硫酸把氢和氧当作水吸收了，剩下的就只有碳了。稀硫酸还会毁坏其他物质，如果在一张纸上滴一滴稀硫酸，就会有一部分水分蒸发，剩下的硫酸渐渐渗入纸张，纸张就会变得很容易破碎。

生　我之前借过一本化学书，书里面有几页已经烂了，可能就是因为这个吧！

师　是不是这样，我们可以通过实验来验证，你在破损处滴一点儿石蕊溶液就可以看出来了，或者你在破损处嵌入一张湿石蕊试纸也行。

生　还真是这样！试纸变红了。

师　说明这本书有可能是被硫酸损坏的。所以我们一定要小心使用硫酸！

生　我们可以让硫酸失去破坏性吗？

师　我们可以把硫酸转化为其他不含腐蚀性的化合物。

生　转变为什么物质呢？

师　转变为盐就可以了，盐通常没有腐蚀性。

生 那我只要用氢氧化钠中和硫酸就行了。

师 这个方法不算好，因为你加入氢氧化钠之后，硫酸虽然会被中和，但过量的氢氧化钠也有腐蚀性。

生 那该怎么办呢？

师 你可以用醋酸钠，它会和硫酸反应生成硫酸钠和醋酸。醋酸具有很强的挥发性，很快就会挥发。

生 我还是没听懂，请您再解释得清楚一些吧。

师 我用化学方程式来解释，你就很容易明白了。醋酸既然是酸，那它当然是一种含氢化合物，我们暂且用 HA 来表示醋酸，H 表示氢元素，A 表示其他元素，那么醋酸钠的化学式就是 NaA，你能解释一下吗？

生 因为有金属元素取代了氢，所以酸才会转变成盐。

师 没错！现在我让它与盐酸发生反应。

生 为什么不用硫酸呢？

师 因为用盐酸做实验，情况会比较简单，以后再来用硫酸做实验吧。由此我们可以得到一个方程式：$NaA+HCl = NaCl+HA$。你能描述一下这个方程式吗？

生 醋酸钠和氯化氢反应生成氯化钠与醋酸。

师 由此可以得出结论：如果要把一种盐里面的酸置换出来，那就要用另一种酸处理这种盐。

生 那我们是不是可以用醋酸从氯化钠中把盐酸置换出来呢？

师 这不容易实现。理论上说，你的理解是对的，任何一种酸都能按照你说的方式去分解任何一种盐。不过新生成的那种酸，分量的多少却是看情形而定的。

生 我还以为它的分量完全是由化学方程式决定的呢！

师 这四种物质在发生反应之前都是存在的，但如果其中有一种物质轻易挥发掉了，比如醋酸，那么另一种与它发生反应的物质就会剩下一些，比如氯化钠。

生 我听懂了，但我还有很多问题要问您。

师 要讨论的问题太多啦，但目前我们讨论这么多就足够了。

生 还有一点请您告诉我，硫酸的情形也与醋酸一样吗？

师 只是表面上有些不同罢了，硫酸根是二价的，换句话说，硫酸含有两个可以被金属取代的氢原子，所以它可以与两个醋酸钠分子发生反应，方程式是 $H_2SO_4 + 2NaA \Longrightarrow Na_2SO_4 + 2HA$。

生 确实很像。

师 现在，我需要你把硫酸与氯化钠的反应方程式写出来。

生 $H_2SO_4 + NaCl$……

师 不要忘了，硫酸含有两个原子量的氢。

生 是的，这样写就对了：$H_2SO_4（浓）+ 2NaCl \Longrightarrow Na_2SO_4 + 2HCl \uparrow$

师 怎么用语言来表述它呢？

生 硫酸和氯化钠反应生成了硫酸钠与氯化氢。

师 很好！大量的盐酸就是这样制造出来的[①]。

生 那硫酸是怎么生产的呢？

师 是硫黄经过燃烧制成的。我们不能光在纸上谈兵，还要做几个实验。你能闻出来醋酸的味道吗？

生 跟白醋一样吗？

师 差不多，白醋大概相当于稀醋酸。

---

① 氯化钠和浓硫酸在加热的条件下会发生这个反应。工业制盐酸，通常用电解饱和食盐水的方法，得到氯气和氢气，再燃烧生成氯化氢。

生　那我肯定知道。

师　这是稀硫酸，你用扇闻法闻一下，它没有什么气味。这是醋酸钠，是
　　一种白色的盐，也是无味的。现在我往硫酸里面倒一些醋酸钠，然后
　　加热，你再闻一闻。

生　真的很像白醋的味道！

师　我们再加大规模，在一只烧瓶里多放一些醋酸钠和硫酸进行蒸馏，蒸
　　馏之后的溶液就是稀醋酸。

生　我们怎么确定它就是稀醋酸呢？

师　你暂时只要根据气味来判断就足够了。现在，我们还要来制造盐酸，
　　但这个实验比较复杂。除了氯化钠，我们还要把五份体积的硫酸和两
　　份体积的水调配一下，然后倒进烧瓶。

生　为什么要配成这个比例呢？

师　只有这样，加热之前所生成的氯化氢才会溶解在水里，只有在加热时
　　才会释放出来。我们把它放入一只珐琅质的铁锅里面，并且把生成的
　　气体收集到一瓶水里，注意要把导气管通到水面之上（图 52）。

生　这是为什么呢？

师　氯化氢容易被水吸收，所以
　　导气管不能通入水里，否则
　　如果实验中断，水就会倒吸。

生　我还是不太明白。

师　假设烧瓶充满了氯化氢，而
　　导气管插在水里，那么氯化
　　氢气体就会被水吸收。这样
　　一来，烧瓶里的压力就会变
　　小，外界大气压就会把水压

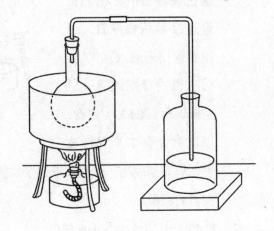

图 52

入烧瓶，水进入烧瓶后会吸收更多氯化氢气体，导致瓶内压力继续降低，最终被水灌满。

**生** 但现在出来的氯化氢气体并没有被水吸收啊。

**师** 等烧瓶里的空气被挤走，这种现象就会停止。还有一种特殊情况，那就是水吸收了氯化氢之后，会变重而向下沉，这样一来，水面上就会形成一层极稀的溶液，很容易吸收氯化氢。现在，你用手摸一下玻璃瓶。

**生** 它变热了，是因为生成的氯化氢是热的吗？

**师** 不是，即使氯化氢气体是冷的，它也会形成热的溶液，因为氯化氢溶解在水中会放热。

**生** 与硫酸放热一样吗？

**师** 一部分与硫酸一样，一部分是因为氯化氢失去气体状态。

**生** 最后形成的溶液就是普通的盐酸吗？

**师** 是的，之前有一个实验（第三十三课）我没有做给你看，现在可以做了。这个装着氢氧化钠的试管连接着两根导管，一根导管用来通入氯化氢，另一根导管则通向一只空玻璃瓶（图53）。你看，很快就会有水蒸气在玻

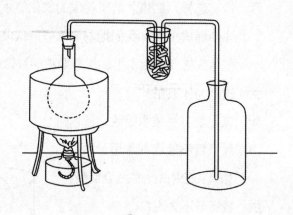

图 53

璃瓶里凝结成冰。你写一下这个实验的化学方程式，算是对我做这个实验的回报。

**生** $NaOH + HCl \!=\!= NaCl + H_2O$。

**师** 很好！

# 第三十七课 | 盐

师 你来回顾一下昨天学习的内容。

生 盐和硫酸反应，可以得到硫酸盐和另一种酸。

师 这个说法太狭隘了，不过我们确实通常使用硫酸作为原料，你猜这是
为什么？

生 也许是因为硫酸比较便宜。

师 这是原因之一，但不是最主要的原因。你先说说，我们要得到具备什
么性质的酸呢？

生 这我就不知道了，我们直接加热它，使它变成气体跑掉，气体冷凝之
后，就能得到我们想要的酸了。

师 其实你已经提到答案了：生成的酸一定要具有挥发性，而用来分解盐
的那种酸，一定要很难挥发。正因为硫酸不易挥发，所以我们用它来
制作其他的酸。硫酸的沸点是 338 摄氏度，而水与氯化氢的混合物的
沸点最高也只有 110 摄氏度。至于无水氯化氢，在常温下本来就是一
种气体。

生 那醋酸呢？

师 醋酸的沸点是 118 摄氏度。现在，我们还要通过盐酸再去认识一条定律，

学习这条定律之后，我们就可以暂别盐酸了。盐酸生成的盐叫什么呢？

生　盐酸生成的盐？这句话听起来怪怪的。啊，我明白了！它们统称为氯化物。

师　没错。盐类是怎么样制造的呢？

生　只要用金属取代酸里的氢，就能得到盐。

师　很好！现在我取出四个试管，在每个试管里装入 5 克盐酸，然后把铁钉、锌、镁、铝分别放入四个试管。你看，每个试管里面都有氢气放出。现在，你要尽量使金属完全溶解在盐酸里。

生　我要怎么做呢？

师　等盐酸里面的几种金属完全溶解，继续加入相同的金属，一直加到盐酸不再和金属发生反应为止。

生　那个时候氢就被完全取代了。

师　是的。除此之外，我们还有其他方法制造氯化物。

生　是用碱吗？

师　是的，这里有三个试管，各自装有 5 克盐酸，你分别用氢氧化钠、氢氧化钾和氢氧化钙去中和它，然后用石蕊试纸检测它们的 pH 值，直到溶液变成中性。

生　现在我们有七种氯化物了。

师　我们还要多制造几种呢！酸与金属的氧化物发生反应时也可以产生盐，例如氧化汞与盐酸，对应的化学方程式是 $HgO+2HCl =\!=\!= HgCl_2+H_2O$。

生　这和碱的情形差不多。

师　不完全相同，它们所生成的氯化汞有剧毒，所以这个实验还是让我来做吧！先加热少许盐酸，然后加入少许氧化汞。起初氧化汞很快就会溶解在盐酸里面，到后来就会剩下一部分不再溶解，这就说明盐酸已完全反应，变成了氯化汞。

生 还有别的制造方法吗？

师 有啊，分解一种挥发性酸所对应的盐，也是一种制盐方法，这个方法你不是知道吗？

生 是的，还有比盐酸挥发性更强的酸吗？

师 当然有了，比如碳酸就比盐酸更容易挥发。碳酸的化学式是 $H_2CO_3$，所以对应它的钙盐的化学式是 $CaCO_3$，因为一分子钙可以取代两分子氢（参考第三十三课），粉笔中通常含有碳酸钙。如果把盐酸倒在粉笔上，很快就会有气泡产生。因为碳酸变成气体跑了，剩下来的就是氯化钙。等盐酸饱和之后，也就不会产生气体了。

生 要记住这些知识真的好难！

师 并不难，我把四种制盐的方程式写出来，为了便于比较，我把制出来的盐都设定为钙盐：

1. 用金属制钙盐： $Ca+2HCl = CaCl_2+H_2\uparrow$

2. 用碱制钙盐： $Ca(OH)_2+2HCl = CaCl_2+2H_2O$

3. 用氧化物制钙盐： $CaO+2HCl = CaCl_2+H_2O$

4. 用盐制钙盐： $CaCO_3+2HCl = CaCl_2+H_2O+CO_2\uparrow$

生 这样就简单多啦！

师 我们再参照第四种方法来制造氯化铜。我们用这种叫碳酸铜的蓝色盐来做反应物。如果我把盐酸倒在碳酸铜上面，也会有气泡产生，同时生成一种绿色的氯化铜溶液。

生 我们有很多氯化物了。

师 你把这些溶液过滤到干净的试管里，别忘了每次都要更换滤纸、洗净漏斗。

生 我会尽力的。

师

| 溶液名称 | 化学式 |
|---|---|
| 氯化钠 | NaCl |
| 氯化钾 | KCl |
| 二氯化铁 | $FeCl_2$ |
| 氯化锌 | $ZnCl_2$ |
| 氯化镁 | $MgCl_2$ |
| 氯化汞 | $HgCl_2$ |
| 氯化铜 | $CuCl_2$ |
| 氯化铝 | $AlCl_3$ |

你看，每个金属原子都与一个、两个或三个氯原子化合在一起，因此我们分别称之为一价金属、二价金属、三价金属。

生 这和什么有关系呢？

师 这是元素的一种性质，你只要记住就行了，与这有关的定律，你以后就会学到的，我们目前要注意的是另一个问题。你现在准备八个试管，在每个试管中倒入 80 毫升蒸馏水，然后将刚刚得到的那八种氯化物分别滴几滴在这八支试管里。

生 滴好了。

师 这是另一种盐溶液，叫硝酸银，我在每个试管里加一些硝酸银溶液，然后摇晃一下，你看到什么现象了？

生 所有试管中都出现了片状的白色沉淀。

师 是的，这种沉淀就是氯化银。

生 又是一种氯化物。

师 是的，但它与其他几种氯化物有一个区别，就是几乎不溶于水。每升水最多只能溶解 0.0015 克氯化银，超过这个量，多余的氯化银就会立刻沉淀下来。

生 您看，沉淀完全变成灰色了！

师 因为试管刚刚放在日光下面，日光能使氯化银分解，同时变成灰色。

生 日光怎么会有这个作用呢？

师 日光也是一种能，在某些情况下可以推动反应，不过我们不要因此而忽略了根本问题！那些用盐酸制出来的各种盐和硝酸银溶液一样，似乎都含有同一种物质，我们可以用氯化钠举例，它和硝酸银溶液的反应可以用这个方程式来表示：$NaCl+AgNO_3 \xrightarrow{\quad} NaNO_3+AgCl\downarrow$。一切氯化物和硝酸银溶液发生复分解反应，总会像这样生成氯化银沉淀。

生 这难道有什么特别的吗？

师 当然啦！还有许多氯化物可以与银离子反应生成沉淀。

生 这个实验背后肯定藏着一条定律！

师 是的，但我现在先不告诉你。我们先来做几个实验，然后再用那条定律来做总结。

生 我还挺喜欢做实验的。

师 好，那你就再用硫酸来制备各种盐吧！把硫酸稀释 20 倍，注意不能把水倒进硫酸里，而要慢慢地把硫酸倒进水里。

生 为什么呢？

师 因为如果将水倒进硫酸里面，就会产生大量的热，容易导致硫酸飞溅，特别危险。

生 我已经做好实验了，金属在硫酸中的溶解速度要比它在盐酸里的溶解速度慢得多，而且用氢氧化钙和粉笔做实验，得到的溶液总是浑浊的。

师 硫酸钙也很难溶于水，所以生成的硫酸钙很快就会沉淀下来。

生 原来是这样啊，我还以为哪里出错了呢！粉笔遇到硫酸时，也会像它遇到盐酸一样放出气泡。

师 硝酸银溶液可以检测出一切氯化物中的氯离子，而氯化钡也可以检测出一切硫酸盐中的硫酸根，硫酸钡和氯化银一样，很难溶解，都是白色沉淀，不过它放在日光里不会变成灰色。

生 我还要用水稀释各种溶液吗？

师 是的，稀释之后，你再往每种溶液里面加一些氯化钡。

生 对啦！每次都会生成白色沉淀，但这些沉淀看上去和氯化银不同。

师 有什么不同呢？

生 氯化银会结成块，硫酸钡却不会。

师 没错，如果你震荡任何一支含有氯化银的试管，那氯化银到最后就会完全结块，而液体随之变清。硫酸钡是一种细粉，即使你震荡它也不变，因此我们称它为粉状沉淀，而称前者为酪状沉淀。

生 为什么叫酪状沉淀呢？

师 因为它很像奶酪。

生 为什么氯化银会有这种性质呢？

师 这还不太清楚。固态氯化银有黏性，而固态硫酸钡是脆的，氯化银的那种性质可能和这一点有关。你把硫酸钠和氯化钡的反应方程式写出来。注意，钡离子是二价的，而硫酸含有两个氢原子。

生 $NaSO_4+BaCl_2 = 2NaCl+BaSO_4\downarrow$。

师 不错，你把这个方程式和生成氯化银的那个方程式比较一下。

生 它们很相似，在这个公式里，钠可以换成其他任何金属。

师 对啦！生成氯化银的方程式里的氯和这个方程式里的哪种东西相似呢？

生 跟 $SO_4$ 相似，但我不知道它叫什么。

师 它叫硫酸根，盐类里含有的氯则叫氯离子。

生 这些名称有什么含义呢？

师 你可以通过刚才的实验认识一条定律，就是盐类的某种成分含有其特定的反应，而这种反应与其他成分无关。一切氯化物都能与硝酸银发生反应，生成氯化银沉淀；而一切硫酸盐都能与氯化钡发生反应，生成硫酸钡沉淀。在第二种情形下，发生反应的是硫酸根，而并非其中所含的硫或氧。因此，这些具有特别反应的离子都叫作根或基。

生 我还是没有完全听懂。

师 几乎所有盐类都由两部分构成，一部分是金属，另一部分是与金属化合的东西。后者在某些情况下仅仅是一种元素，比如氯，而在另一些情况下也可以是一群元素，比如硫酸根。二者都有特定的反应。

生 但您只讲了氯离子和硫酸根，金属也有特定的反应吗？

师 有。这是碳酸钡，它也可以溶于酸。让碳酸钡分别溶于盐酸、硝酸和醋酸，你就可以得到三种盐。这三种盐溶液可以与硫酸或任何一种硫酸盐生成沉淀，就跟氯化钡能和硫酸生成沉淀一样。

生 原来是这样啊，这背后确实藏着一条定律呢！银也是这样吗？

师 所有银盐溶液都能跟金属氯化物生成沉淀。

生 我差不多明白了。

师 你看，只要一种含钡离子的盐与一种含硫酸根的盐在溶液里相遇，就会生成硫酸钡沉淀，与那两种盐的其他成分毫无关系。

生 这么说的话，钡是检验硫酸根的试剂，硫酸根也是检验钡的试剂咯！

师 非常正确！你已经明白了其中的道理，所有的盐类试剂相互之间都有关系。

生 而且只有每一组试剂结合生成一种不溶性盐的时候，它们对于反应才算起了作用。

师 没错，你今天的表现很棒！在盐的成分中，能与金属化合的成分如果只是元素，那么，它们就与自由态时是不同的（比如，氯的自由态是氯气，而溶液中存在的是氯离子），所以，我们必须赋予它们另一种名称。

生 我没听懂，您能再讲一遍吗？

师 在金属氯化物的溶液中，你无法辨认自由氯的各种性质，比如呈黄绿色、有刺激性气味等。金属也是这样，锌、铁、铜等金属溶解在溶液里，你同样看不出来。

生 好像是这样的。

师 但它们在溶液里都各有各的反应，所以它们无疑是以某一种形式单独存在。

生 是的。

师 所以我们可以得出一个结论：元素在不同状态下具有不同的性质。

生 碳和金刚石属于这种情况吗？

师 无论从哪个方面看，这都是一个很好的例子。我们可以用另一种形式来表现这个特点，就是在氯和硫酸这一类根的符号的右上角标注减号，如氯根 $Cl^-$、硫酸根 $SO_4^{2-}$ 等；在金属根的符号的右上角标注加号，如钠根 $Na^+$、钙根 $Ca^{2+}$、铝根 $Al^{3+}$ 等。

生 为什么它们的加减符号有多有少呢？

师 这一点你不是应该知道吗？你再看看你之前列的表（第三十七课）。

生 我明白了，能跟一个氯原子化合的金属都只有一个正号，其余的以此类推。

师 是的，我们将这种金属称为一价金属，其余的便是二价金属或三价金属。

生 那些减号呢？

师 凡是能跟一个钠原子化合的根都是一价的，凡是能跟两个钠原子化合的根都是二价的，如硫酸根。

生　这种情况跟中和现象是一样的吗?

师　当然是一样的。

生　这种根和电解时的离子有关吗?

师　当然有关,电解时朝正、反两个方向走的就是这种根。

生　所以只有盐才能通电分解,对吗?

师　不是,酸和碱也可以被电解呢。

生　而酸的一切共通反应,比如使石蕊变红、跟镁反应放出氢气……

师　实际上都是氢离子（H$^+$）的反应,所有酸都是氢的化合物,但是氢的化合物当中,只有那些含有氢离子的才是酸。所以你刚才说的那两种反应是氢离子的反应,这情形如同氯化银是氯离子的反应。

生　那么碱呢?

师　碱的共同成分是氢氧根（OH$^-$）,它们的共同反应都是氢氧根的反应。

生　这些听起来简单,但要弄明白还真是费力!

师　是啊,即使是大化学家,当初也是费尽心血才把这种极其简单的道理弄明白。我再做几个实验给你看看。现在,我让电流通过硫酸铜溶液,电线两端接着两块铂金片——铂金不易被侵蚀。你看! 其中一片铂金上面已经有了一层铜衣。

生　我看到了,是红色的。

师　这是金属铜,溶液里含有硫酸铜,而硫酸铜含有铜离子（Cu$^{2+}$）和硫酸根（SO$_4^{2-}$）。正电随铜离子移向阴极,电子在那里通过铂金片跑掉了,而铜离子则变成红色金属留了下来。

生　这样说来,离子就是指与电结合的金属了。

师　是的。按照这个见解来看,阳离子是由金属和正电构成的,而阴离子则是由负电和阴根构成的,如氯根、硫酸根、硝酸根。

生　那您可以告诉我硫酸根在这个实验中会发生什么变化吗?

师　它能与水生成硫酸和氧。

生　这很像电解氢氧化钠时氢氧根的变化（第三十五课）。

师　有一点儿像，但不完全相同，因为氢氧根不与水发生反应。你想一想，如果继续电解，硫酸铜溶液最后会变成什么呢？

生　会跑出来越来越多的铜，直到跑光为止。同时还会跑出氧气，并且生成硫酸。到最后，剩下来的也许就只有硫酸了。

师　没错，到那时，硫酸就会被电解——它会生成什么呢？你摇头了，难道你不知道吗？硫酸含有哪些离子呢？

生　氢离子和硫酸根离子。

师　对啦！所以说阴极会析出氢气，那阳极呢？

生　硫酸根会跑到阳极上去。这大概跟硫酸铜相同，一定会放出氧气，同时生成硫酸。

师　没错，结果总是会重新生成硫酸。所以，我们会看见什么被电解出来了呢？

生　氢气和氧气。

师　没错！阴极上出现两个氢原子，而阳极上出现一个氧原子，跟它们在水里的比例相同。所以，整个反应就好像只分解了水，而硫酸没有参与反应。

生　怎样证明整个反应和您所说的是一样的呢？

师　硫酸根跑到阳极之后，就会变成硫酸聚集在那里，所以我们可以知道硫酸的确参与了反应。否则，它最初在哪里，最后也一定会在哪里。你把以前做过的那个实验（图50、图51）再做一遍就会明白了。不过，你这次必须用铜丝做电极，因为铁会溶解。

生　这又是为什么呢？

师　硫酸根跑到铜或铁这一类电极之后，会与它们化合，变成硫酸铜或硫酸铁。

生　道理原来这么简单！

师　如果用铜丝做电极，电子在硫酸中运动，你就很容易观察这一反应了，因为硫酸铜溶液是蓝色的，很容易分辨。

生　这个实验的原理是什么呢？

师　你好好想一想，硫酸中含有哪些离子呢？

生　含有两个氢离子和一个硫酸根离子。这么看来，一定是硫酸根跑到甲电极那里，生成了硫酸铜，而那两个氢离子跑到了乙电极那里……

师　变成氢气释放出来了，因为金属不会跟氢气化合。

生　已经通了好一会儿电了，怎么还看不见蓝色呢？

师　你在旁边看，尤其要注意液体的底层。

生　还真是！下面一层是蓝色的，它怎么在那里呢？

师　硫酸铜是在电极上生成的，但它的密度大，所以就沉下去了。要是光线充足，你还能看到硫酸铜下沉呢！

生　有没有别的方法可以辨别溶液里的铜离子呢？

师　方法有的是，比如我们往其中加一些氢氧化钠溶液，就会生成淡蓝色的沉淀，你看，这不是吗？

生　这沉淀是什么呢？

师　是铜离子跟氢氧根离子生成的化合物，我们称之为氢氧化铜。氢氧化钠跟硫酸铜的反应方程式是$CuSO_4+2NaOH \!=\!=\! Na_2SO_4+Cu(OH)_2\downarrow$。

生　氢氧化铜的化学式很像氢氧化钙的化学式。

师　是的，它是一种很难溶解的物质，所以才会沉淀。你瞧，如果我向里面加入任意一种酸，沉淀就会立刻溶解。

生　我刚刚用氢氧化钠试了一下之前做实验时（图54）所得到的液体，并没有产生沉淀。

图 54

**师** 这是因为硫酸和硫酸铜混在了一起。氢氧化钠起初只跟硫酸发生反应，你把这个方程式写出来看看。

**生** $H_2SO_4 + 2NaOH \xlongequal{\hspace{1em}} Na_2SO_4 + H_2O$。

**师** 很好。一直到硫酸消耗完了，氢氧化钠才会跟硫酸铜发生反应，生成沉淀。

**生** 为什么它们一开始不会发生反应呢？

**师** 如果生成氢氧化铜，它跟剩余的硫酸会发生什么反应呢？

**生** 我明白了！硫酸会使氢氧化铜重新溶解，所以只要有硫酸在，就不会生成氢氧化铜。

**师** 没错，如果溶液中有另一种可以溶解沉淀的物质，一般就不会生成沉淀。多数金属的氢氧化物都难以溶解，所以，当我们把氢氧化钠或氢氧化钾加到金属盐溶液中，大多会产生沉淀。

**生** 用氢氧化钠或氢氧化钾都一样吗？

**师** 是的，你把氢氧化钠换成氢氧化钾，写进方程式，你总能得到同一金属的氢氧化物。所以我们只是把氢氧根离子加入溶液当中，生成了金属的氢氧化物。如果把氢氧化钠加入到另几种盐溶液里，你就会看到各自金属的氢氧化物。

**生** 我已经做完实验了，除了铁的沉淀是绿色的，其他沉淀都是白色的，而钙盐的沉淀不太明显。

**师** 氢氧化钙会在水里稍稍溶解。

**生** 我很想再来做一遍电解实验。我叔叔给了我几节干电池，可以用来做实验吗？

**师** 当然可以，只要用电线连接电极就可以通电了。通电会消耗电量，所以不用电的时候就不要连接电极。

生　用完一个电池，再用一个新的就行了。

师　要把三个电池连在一起用才行呢！

生　为什么呢？

师　每个电池的电压都是一定的，化学反应的发生与电压高低有关。一个电池的电压不足以让水在氢氧化钠溶液或硫酸溶液中分解，所以你必须同时使用好几个电池。

生　这就好比两匹马的马车比一匹马的马车跑得更快。

师　这个比喻好极了！

# 第三十八课 | 氯的氧化物

师 这节课我们先来讨论一下氯气，因为我们即将讲到各种氯的氧化物。我已经准备好了制取氯气的仪器（图43），现在，我把氯气通入稀薄的氢氧化钠溶液中。

生 肯定会生成氯化钠。

师 是的，但这个反应可没这么简单，你把方程式写出来看看。

生 $NaOH+Cl \Longrightarrow NaCl+OH$。

师 你把这个方程式读出来。

生 氢氧化钠和氯发生反应，生成了氯化钠和氢氧根。

师 错了，正确的方程式是这样的：$2NaOH+Cl_2 \Longrightarrow NaCl+NaClO+H_2O$，你读一下。

生 两个氢氧化钠和氯气反应，生成了氯化钠、水和一种新的盐。

师 新生成的盐叫次氯酸钠，它是次氯酸根（$ClO^-$）的钠盐。

生 这个名字有点儿怪怪的。

师 氯可以与不同数量的氧生成不同的阴离子，所以我们不得不在名称上加以区分，这里有一张表格，其中一列是阴离子，一列是阴离子和氢离子形成的酸的名称，还有一列是盐。

| 阴离子 | 酸 | 盐 |
|---|---|---|
| 高氯酸根 $ClO_4^-$ | 高氯酸 $HClO_4$ | 高氯酸金属 $MClO_4$ |
| 氯酸根 $ClO_3^-$ | 氯酸 $HClO_3$ | 氯酸金属 $MClO_3$ |
| 亚氯酸根 $ClO_2^-$ | 亚氯酸 $HClO_2$ | 亚氯酸金属 $MClO_2$ |
| 次氯酸根 $ClO^-$ | 次氯酸 $HClO$ | 次氯酸金属 $MClO$ |

生　看上去很不好记。

师　其实很好记，你先看第二列，氯酸的命名是由元素的名称加上"酸"字。当它生成盐时，只要把金属的名称加在后面就可以了；当它生成阴离子时，只要把根字加在后面就行了。

生　这些我都明白。

师　第一行的三种名称只比第二行的三种名称多了一个"高"字。

生　是的，我看出来了。第三行和第四行的各种名称也只是多了一个"亚"字或"次"字。

师　是的，其他元素如硫、磷、溴、碘等，它们各自生成的氧化物的命名也与这差不多。如果你能记住这些名词，以后再遇到其他化合物时，就能轻松地叫出名字了。我们刚刚提到，把氯气通入氢氧化钠溶液后，除了生成氯化钠，还会生成次氯酸钠，次氯酸钠又叫漂白剂。

生　是因为它是白色的吗？

师　不是，我们叫它漂白剂，是因为它能用来漂白很多东西。你往小试管里倒点儿次氯酸钠，再加些酸——比如稀硫酸——闻一闻是什么气味①。

生　真难闻！氯气就是这种味道吧？

---

① 氯气有剧毒，实验应该在通风橱中进行。

师　是的，而且生成的氯气与原来制造漂白溶液消耗的氯气是相等的。

生　是的，不过我们为什么不直接用氯气漂白呢？

师　氯气不能直接用来漂白物体，一定要有水，因为生成了次氯酸。而且气体不容易运输，因为它的体积非常大。

生　但是您说过我们可以把液态氯装在钢瓶里呀！

师　液态氯比较纯净、干燥，价格也比较高。至于制造漂白溶液，不纯的氯气也可以的。另外，运到各地出售的通常不是漂白液，而是用氯气和氢氧化钙（或氢氧化钠）生成的固态化合物。

生　是因为固体比液体更容易运输吗？

师　是的，而且氢氧化钙比氢氧化钠便宜得多，这样得到的是一种白色粉末，我们称之为漂白粉，它的气味很像氯气。

生　我猜很多地方撒的白色粉末就是这种东西。

师　如果它的气味和氯气一样，那它八成就是漂白粉。如果我们用浓度为50%的氢氧化钾溶液来制作漂白液，并使溶液中含有多余的氯气，那么，起初生成的次氯酸钾最后就会变成氯酸钾，这种东西你还记得吗？

生　是不是制氧气的那种东西呀？

师　是的，我现在教你怎么制备氯酸钾。起初是生成次氯酸钾跟和氯化钾，相应的方程式是 $2KOH+Cl_2 \xlongequal{\quad} KClO+KCl+H_2O$。后来，次氯酸钾变成了氯酸钾和氯化钾了，相应的方程式是 $3KClO \xlongequal{\quad} KClO_3+2KCl$。

生　为什么会发生这样的反应呢？

师　因为次氯酸钾不稳定，氯酸钾稳定，所以前者才会变成氯酸钾。

生　为什么不能直接生成氯酸钾呢？

师　问得好！但这是必经的过程，好比你要从前门走到后门，就必须经过那些房间，即使你不想经过。

生　听起来很有道理，但我还是有些拿不准。

师 那当然，等你拥有了更加广博的知识，你自然就会理解了。不过，我们
也可以跳过中间的阶段，直接写出方程式：$6KOH+3Cl_2 \xrightarrow{\hspace{1cm}} KClO_3 +$
$5KCl+3H_2O$。

生 为什么会有 6 个氢氧化钾呢？

师 3 个单位的次氯酸钾参与反应，生成 1 个单位的氯酸钾，相应的，必
须要有 6 个单位的氢氧化钾才行。如果你用 3 去乘第一个方程式，再
加上第二个方程式，略去方程式两边相同的项，就能得到刚刚我写的
这个方程式。

生 方程式两边相同的项怎么可以略掉呢？

师 如果化学式在方程式右边，就表示这种物质是生成物；如果在左边，
就表示它是反应物，也就是被消耗的物质。假如一种物质先生成，后
来又被消耗了，不就相当于没有吗？

生 我明白了。

师 现在溶液中的氯气已经饱和了，因为气体通过溶液时已经不再溶解，
而且有晶体析出了。等溶液冷却后，晶体还会增多，因为温度下降后，
氯酸钾的溶解度也变小了。

生 是的，同样的情形，您在讲蓝矾的时候已经做过实验了（第四课）。
不过，那些生成的氯化钾去哪儿了呢？

师 溶解了。如果我们滤掉氯酸钾晶体之后再蒸干溶液——我们把这种液
体称为母液——就能得到氯化钾了。

生 用这个方法可以把它们完全分开吗？

师 不能，因为最后我们得到的氯酸钾晶体上面沾有氯化钾。但是如果我
们把这种晶体放在两张滤纸间压一压，让滤纸吸走母液，再用加热的
方法把这些晶体溶解在少许水中，那么，只要我们趁热把有些浑浊的
溶液滤出去，滤液中就会析出很纯粹的氯酸钾晶体。我现在要把这个

实验做给你看[1]。

生　您为什么要把滤纸折出这么多褶皱呢?

（图 55）

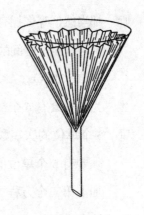

图 55

师　这样能使溶液过滤得更快。如果用平滑的滤
　　器，过滤速度会很慢，容易导致晶体在滤器
　　上析出。如果我们想把固体放在滤器上清
　　洗，那就要用平滑的滤纸了。

生　为什么呢?

师　如果使用带有褶皱的滤纸过滤，那就没法把
　　滤纸清洗干净了。

生　是的，水会从外面流下去，而且混有杂质。

师　没错。为了提纯氯化钾，我把母液蒸干后留下来的残渣用少许清水搅
　　一搅——但不能使它完全溶解在水里——过滤后再蒸干，就能得到非
　　常纯净的氯化钾。

生　真神奇!我们可以用氢氧化钠代替氢氧化钾吗?

师　不行，因为氯酸钠比较易溶，很难与同时生成的氯化钠分开。现在，
　　我做一个很重要的实验，你要注意看。我把氯酸钾溶在水里，加入一
　　些硝酸银溶液，你看，溶液还是像清水一样。

生　这有什么特别的地方呢?

师　虽然氯酸钾是一种含氯的盐，但它与其他氯化物不同，不能生成氯化
　　银沉淀。因为氯酸钾里只含有钾离子和氯酸根，所以它只能和硝酸银
　　反应生成氯酸银，却不能生成氯化银。由此可见，只有氯离子才能和

---

① 多次重结晶，理论上可以得到比较纯净的氯酸钾。

银离子发生特别的反应。

生　您以前说过，水虽然含有氢，但它并不是酸，这和您刚刚讲的还挺像的。

师　没错，水中确实含有氢离子，但它的数量很少，不能通过普通的方法来证实。

生　我没听懂。

师　我说过，1 立方分米水里只能溶解 0.0015 克氯化银，所以用银离子来证明氯离子的存在是不太合适的。如果氯离子的量少于这一比例，那就无法生成沉淀了。所以，我们说反应的"灵敏度"是有一定限度的。

生　不同的反应，它们的反应限度也会不同吗？

师　是的，比如你的鼻子可以轻易嗅出 0.001 立方厘米的氯气，但是你要使即将熄灭的木片与少于 0.1 立方厘米的氧气发生反应，那就有点儿困难了。

生　我明白了，也就是说，我们总是无法感知到某些实际上存在的东西。

师　没错！当一种物质少于某种限度时就会这样，所以我们需要弄明白许多化学物质最低限度的反应量。让我们回到氯酸钾。我在试管中放一点儿氯酸钾晶体加热一下，然后把加热后剩下的东西溶解在清水中，再加些硝酸银溶液。你看！氯化银很快就沉淀下来了，你来解释解释。

生　我不知道。

师　氯酸钾是怎样分解的，你把方程式写出来看看。

生　$2KClO_3 \xrightarrow[\Delta]{MnO_2} 2KCl+3O_2\uparrow$。哦，我知道了！原来是生成氯化钾了，而氯化钾含有钾离子和氯离子。

师　没错！只是回答得慢了一拍，因为你早就知道了。

生　是啊，我怎么就没想到呢？

# 第三十九课｜溴

师　今天，我不问你昨天学了什么，因为我们今天要讨论的溴和碘，它们与氯很相似。如果你真的了解氯，那对于我接下来要问的问题，你的回答也会是正确的。

生　它们真的完全一样吗？

师　当然不是，它们有些不一样，但它们的化合物的化学式却很相似，所以我们只要用溴或碘去代替氯就行了。我先把溴拿给你看，你描述一下你所看到的。

生　瓶子里的液体是深褐色的，瓶子的上半部分是橙黄色的，这是被溴润湿的吗？

师　不是的，你仔细观察，就可以看出溴与水银一样，边缘比中间底，而那些可以润湿玻璃的液体——如水或油——与它恰恰相反。

生　这和什么有关呢？

师　这和表面张力有关，但我现在没法详细地把原理讲给你听。你说说，既然玻璃瓶不是因为被溴润湿而变黄的，那么黄色是怎么来的呢？

生　难道是因为溴的蒸发吗？

师　你猜对了。现在我打开瓶塞，对着瓶口吹口气，就能证明瓶子里的确有蒸气。

生 真难闻！比氯气还要难闻！

师 溴是一种具有挥发性的液体，这很罕见，因为在常温下，除了溴，还有一种元素的单质是液体。

生 是哪一种元素呢？

师 你知道的。

生 我想不起来了。

师 汞。

生 我真笨，怎么就没想到呢！

师 你至少应该把元素周期表从头到尾看一遍，找出你认识的液体单质。

生 可是我想不到这样去做。

师 你要慢慢养成这种习惯。我们继续讨论溴吧，溴的沸点约是 60 摄氏度，它和水一样，能在常温下蒸发。溴蒸气是黄褐色的，所以看得见；水蒸气是无色的，所以看不见。

生 而且水蒸气没有味道。

师 是的。现在我们得找一片通风的空地来做实验，因为溴蒸气有腐蚀性，对人体有害。这里有一个空瓶，换句话说，这是一个充满空气的瓶子，我往里面滴一滴溴，你看，它变成黄色蒸气了，只是仍旧停留在瓶底。

生 所以说它比空气更重。

师 是的。但是如果我们把瓶子放上几天，溴蒸气就会逸散在空气里。我在一块玻璃片上面涂些凡士林，然后用它盖住瓶口。

生 为什么玻璃片能盖得那么严实呢？

师 因为我在做实验之前把瓶口放在一块铁板上用湿砂磨过了。

生 我也可以磨吗？

**师** 当然可以，只要在铁板上转着圆圈打磨就行了（图56）。打磨的时候，一定要让瓶身保持平稳，不能东倒西歪。你说说，溴蒸气的密度虽然比空气大，但它不会永远停在瓶底，这是为什么呢？

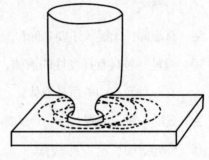

图 56

**生** 是因为瓶子没放稳吗？

**师** 不是，因为不同的气体放在一起都会自动混合，我们将这种现象称作渗透。现在，我在100立方厘米的水里倒几滴溴，摇一摇，它立刻就变成了黄褐色的溶液，这种溶液就是溴水。

**生** 这个名字就和"氯水"一样。

**师** 是的。如果我把镁粉放在溴水里面摇一摇，它的颜色就会消失；再滤掉剩下镁粉，就能得到一种无色的液体。你知道这一过程中发生了什么反应吗？

**生** 是溴与镁化合了吗？

**师** 没错，镁和钙都是二价的，溴和氯都是一价的，所以相应的化学方程式是 $Mg+Br_2 == MgBr_2$，生成物叫溴化镁。

**生** 溴化镁是一种盐吧？

**师** 是的，溴化镁溶液可以导电。如果使电子在铂金丝里面流动，那你很快就能再次见到黄褐色的溴了，这是什么反应呢？你回想一下电解反应（第三十五课）。

**生** 让我想一想……溴离子变成溴了，它随着电流跑到了液体中。

**师** 没错，溴离子是阴离子，所以会跟着负电走，溴才会在负电流离开液体或正电流流进液体时出现。

**生** 是的，正电流和负电流的方向相反。

师　你在另一个电极处看见什么了？

生　那里生成了白色沉淀。

师　你知道那是什么吗？溴化镁里面还含有什么离子呢？

生　还有镁离子——这样看来，那应该是镁。

师　它的反应跟钠相同。

生　也就是说，镁也能与水反应，生成氢氧化镁和氢气，对吗？镁粉放进
　　水里不是很稳定吗？

师　说得对，镁通常会和空气里的氧气反应，在表面生成氧化镁；如果把
　　镁放在水里，空气就不会跟它接触了。

生　那电解的时候呢？

师　电解时的镁，由于其表面没有氧化镁，所以会被水侵蚀。换句话说，
　　镁是看不见的，我们看到的只是它和水生成的氢氧化镁。

生　看来电解的知识也不容易弄懂呢！

师　你很快就会熟悉的，因为这些反应多半是相同的。现在，我用水稀释
　　溴化镁溶液，再往里面倒一些硝酸银溶液。

生　生成了白色沉淀。

师　那是溴化银，银离子也是溴离子的检测试剂。氯化银的颜色是雪白的，
　　溴化银则有点儿发黄。

生　氯和溴的确有相似的地方，我们怎样区分它们呢？

师　你以后就会学到的。现在，我往溴化镁里面倒一些氯水。

生　它变得和黄褐色的溴水一样了。

师　因为生成了溴水。这一反应的化学方程式是 $MgBr_2 + Cl_2 \longrightarrow MgCl_2 + Br_2$。

生　是氯使溴化镁分解了吗？

师　是的，市面上出售的溴就是这样制成的。除了海水，自然界中的盐里

面也含有微量溴化镁，其他盐类结晶后，溴化镁就会留在母液中。

生　溴化镁很容易溶解吧？

师　是的，我们要用氯处理一下母液，让更多的溴析出来，但我们要注意氯的用量，不能太多，否则氯就会和溴混在一起。

生　怎样提取液体里面的溴呢？

师　这个问题你自己就能回答。两种物质形成溶液之后，怎样才能分开呢？你之前做过分开水和盐的实验，你想一下就知道了。

生　当时我把水烧干了，但是如果我这次还是这样做，溴也会挥发的，您不是说过溴的沸点是 60 摄氏度吗？它比水蒸发得更快。

师　正因为这样，你才能把它们分开啊！

生　那溴岂不是就跑光了吗？

师　为什么？

生　因为它会变成溴蒸气跑掉啊！您在笑，看来是我没想清楚。对了！我只要冷却溴蒸气，就能得到溴了！

师　对啦！你只要把溴水蒸馏一下就行了，因为溴比水容易蒸发，而且溴蒸气的密度也比水蒸气的密度大，所以溴会先被蒸馏出去，最后你就能得到很多溴和少许的水了。

生　这和蒸气的密度也有关系吗？

师　你自己想一想，溴蒸气的密度比水蒸气大，如果它们的沸点相同，那么，当它们达到沸点时，1 立方厘米溴蒸气中的溴含量，不也是比 1 立方厘米水蒸气中的水含量多吗？

生　是的，这我知道。

师　你现在做一道计算题，溴的原子量是 79.92，溴蒸气的化学式是 $Br_2$，你算一算，在等温等压的条件下，溴蒸气和水蒸气的密度比是多少？你先把关于蒸气密度的定律说给我听听。

生 蒸气密度与分子量成正比。啊，我明白了！水的分子量是 18.02，溴的分子量是 159.84。两者的比率是 159.84 ：18.02=8.87，这比我想象得简单多了。

师 我们来做一个有趣的实验，但在实验过程中会有毒气产生，所以我们必须去空地上做。你看，试管里面有一点儿溴，我把它插入沙堆，再往里面放一点儿锡箔。

生 烧红了！

师 溴的性质与氯一样，遇到金属就会彼此化合。

生 溴和镁也是这样，但镁为什么没被烧红呢？

师 你自己想一想吧，在空气中燃烧跟在纯氧中燃烧有什么不同（第十一课）。

生 啊，我知道了！在镁与溴的实验中，除了溴，还有很多水，所以镁烧得不够热。

师 没错，你现在可以用溴水跟其他金属来制盐，去证明它们和溴化镁一样，都能与硝酸银溶液生成淡黄色沉淀，而且，加了氯水后，都有黄褐色的溴释放出来。所以说，这些盐溶液里面都含有溴离子。

生 我们用以前的方法（第三十七课）也能得到溴盐了。溴能不能生成一种类似盐酸的酸呢？

师 问得好，有这种酸，那就是氢溴酸，你猜猜它的化学式是怎样的？

生 既然溴和氯相似，那它的化学式应该是 HBr。

师 很好！这个瓶子里装的就是溴化氢的水溶液。在常温下，纯溴化氢和氯化氢都是气体。

生 这种溶液看上去很像盐酸。

师 性质也很相似呢！你看，用蓝色石蕊试纸检测，显酸性，即使我在一大杯水中滴一滴氢溴酸，这种极稀的溶液也会与石蕊发生反应。你试试看。

**生** 我在水里加了一滴氢溴酸溶液，但石蕊试纸还是蓝色的。

**师** 把水搅一搅，试纸就变红了。

**生** 我真笨，居然忘了这一步！

**师** 现在，你总结一下，你滴在水里的那滴氢溴酸溶液去哪儿了呢？

**生** 我猜它沉下去了。如果它留在上面，一定会散开，绝不会接触不到试纸。

**师** 很好！溴化氢溶液的密度比水大得多，所含溴化氢越多，密度就越大。现在，你按照配盐酸的方法（第三十一课）给我配一种溶液，使 1 立方厘米水中恰好含有一个分子量的溴化氢。

**生** 我得先量 5 立方厘米的水，滴一滴石蕊，然后再用滴管滴加氢氧化钠溶液，直到红色溶液变蓝。

**师** 接下来的步骤，你是知道的。等到你配好溶液，就把两块锌片分别放入两个小瓶里，接上通气管，然后倒入等量的盐酸和氢溴酸，仔细观察氢气的释放速度（图 57）。

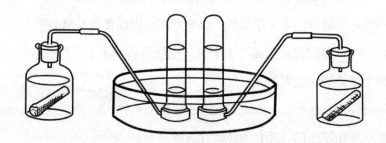

图 57

**生** 我该做些什么呢？

**师** 你可以数一数水中升起的气泡，或者用两支试管在通气管口收集氢气。做完实验后，你把得到的结果告诉我。今天，我们还要讲一讲溴的化合物。氢溴酸的用途不广，我们不必讨论过多，重点在于它跟氯化氢很相似。溴跟氯还有一个相似点：把溴加入氢氧化钠溶液，你就知道了。你先说说，把氯气通入氢氧化钠溶液，会生成什么呢？

生　氯化钠。

师　你再想想。

生　我想起来了，生成了两种盐，一种不含氧，一种含氧。

师　只要你写出化学方程式，很容易就能想起来了，你把方程式中的氯换成溴试试。

生　$2NaOH+Br_2 \xrightarrow{\quad\quad} NaBr+NaBrO+H_2O$，对吗？

师　没错，你把这个方程式读出来。

生　氢氧化钠和溴反应，生成溴化钠和……这种物质叫什么呢？

师　它的名字跟氯的化合物相似。

生　是次溴酸钠吗？

师　是的，它里面有一个新的阴离子，就是次溴酸根（$BrO^-$）。次溴酸钠和用氯制成的漂白液一样，也有漂白和消毒的功效。这个实验很好做，如果把溴水倒入氢氧化钠溶液中，溴水的褐色会褪掉，证明生成了别的化合物。

生　但还是带着点儿淡黄色，并不是无色的。

师　那是次溴酸根的颜色。我再用浓氢氧化钾溶液做一遍实验，反应很剧烈，所以加溴时一定要小心。只要摇一摇，溴的颜色就不见了。加入很多溴之后，褐色才不会消失。

生　析出了许多白色物质。

师　这是一种类似氯酸钾的盐，它叫溴酸钾，你知道它的化学式怎样写吗？

生　既然和氯酸钾相似，那它的化学式应该是 $KBrO_3$。

师　没错。如果你按照提纯氯酸钾的方法提纯它，就可以证明它们的性质

也十分相似：它与硝酸银溶液不会产生沉淀，加热时会放出氧气，而剩下的渣滓溶在水里，可以与硝酸银溶液发生反应，生成沉淀（参考第三十八课）。

# 第四十课 | 碘

师 你昨天做的关于氢气释放速度的实验，结果怎么样？

生 没有结果，氢溴酸的功效跟盐酸完全相同，我没看出什么区别。感觉有时候氢溴酸的反应速度要快一些，有时候又相反，总之它们之间没有明显的差别。

师 这就是结果呀！难道你不觉得很惊讶吗？你不是见过硫酸、醋酸等其他酸跟锌反应时的情形吗？它们的反应都很慢。

生 可是那几种酸的反应各不一样，盐酸、氢溴酸的反应却是一样的。

师 你的语气不够肯定。

生 盐酸和氢溴酸对于锌的作用是相同的。

师 还是不够具体，你应该说：盐酸的当量溶液与锌的反应，与氢溴酸的当量溶液与锌的反应是相同的。其他酸并不是这样，所以我们观察到的结果的确出人意料。盐酸和氢溴酸虽然是两种不同的酸，但它们参与的某些反应却很相似。

生 这说明了什么呢？

师 问得好，但我要过一段时间才能回答你，那时候你就会知道它的重要性了。

生 既然您不让我了解更多，为什么现在又要告诉我呢？

师 以后就会告诉你的，那时候，我们再回到这个问题上来，你就会轻而
易举地听懂我新讲的知识。现在我们来讨论碘。碘是卤素中的第三位
元素，其他两位是氯和溴，因为它们可以跟金属生成盐，所以它们也
叫盐元素。我这里有一些碘。

生 碘和氯、溴这两种元素不太像，氯是气体，溴是液体，而碘却是固体，
它们根本不相同啊！

师 氯总是气体吗？

生 不是。您说过，氯可以在高压、低温的条件下变成液体，甚至变成固体。

师 对啦！氯能以一切形态出现，溴和碘也是这样，很快你就能看到了。

生 但它们总归是三种不同的物质呀！

师 那当然了，如果完全相同，那它们就是同一种物质了。氯、溴、碘这
三种元素及其化合物的性质，彼此虽然相似，却是循序渐进的关系，
溴的性质恰好介于氯和碘之间。

生 是哪些性质呢？

师 几乎一切性质，先说原子量，溴的原子量差不多是氯和碘的原子量之
和的平均数。氯的原子量是 35.46，溴的原子量是 79.92，碘的原子量
是 126.92。用 35.46 加 126.92 再除以 2，得到的数值是 81.19，与溴的
原子量 79.92 很接近。

生 为什么不恰好是 81.19 呢？

师 这样问毫无意义，原子量到底遵循什么规律，我们目前还没有得到确
切的答案。这张表格里面有一些数据：

| 性质＼物质 | 氯 | 溴 | 碘 |
|---|---|---|---|
| 原子量 | 35.46 | 79.92 | 126.92 |

| 沸点 | -33.6℃ | 63℃ | 184℃ |
|---|---|---|---|
| 熔点 | -102℃ | -7℃ | 114℃ |
| 气体密度 | 0.00321g/cm³ | 0.00714g/cm³ | 0.0113g/cm³ |

生　您不是说要做碘变成液体或气体的实验吗？

师　我现在就做给你看。取一个烧瓶，在大火上旋转加热，然后往瓶中放入一小块碘。你瞧，他立刻就变成了一种接近黑色的液体。

生　哇，真好看！我从没见过这么漂亮的紫色！

师　碘蒸气是紫色的，如果我振荡烧瓶，你就会看到碘蒸气和另一种物质在瓶底转来转去。碘蒸气的密度是空气密度的 9 倍。我们让烧瓶静置一会儿。现在，你看到什么了？

生　颜色越来越淡，烧瓶里面出现了黑色沉淀。

师　碘蒸气又变成了固态碘。碘的熔点是 114 摄氏度，沸点是 184 摄氏度，常温下，它的蒸气的压力很小，所以烧瓶一冷却，它又变成了固体。你仔细看看那些黑色沉淀。

生　它们是有光泽的。

师　这是放大镜，你拿去看看。

生　它们的外表很规则，好像是晶体。

师　它们确实是晶体，我以前说过，物质变为固态时，大都以晶体形式析出，不过，析出的晶体不一定都像碘这么漂亮。如果我加热晶体析出最多的部位，它们就会变成紫色蒸气，但蒸气很快就会消失，在较冷的位置形成晶体。

生　这和蒸馏差不多呢！

师　没错，但我们称之为升华，升华就是固体直接蒸发成气体的过程。碘因温度改变而发生的变化，你已经了解了，现在，我们要看看水对它的影响，你猜会怎样？

生　既然氯和溴都能在水中溶解，那碘也应该可以。

师　我们来试试看，把少许碘放在研钵里磨一磨，使它更易溶解，如果它可以溶解的话。现在，我把研细的碘放入烧瓶，加入一些水，你看到了吗？

生　好像并没有溶解，水还是没有颜色。

师　我把这些水倒一些在试管里，把试管立在一张白纸上，你从上面往下看。

生　和氯的情况有些相似，从上往下看，似乎有碘溶解在水里了，因为水是淡淡的褐色。

师　是的，碘可以溶于水，不过量很少。我可以让你看得更清楚。这是马铃薯淀粉，你妈妈在做饭时会用到它。我先用一点儿冷水调一调它，再把它倒入烧瓶中的沸水里面。

生　他会变成糨糊。

师　只是很稀的糨糊而已，因为我用的淀粉很少。现在，我再把它们倒入盛有碘溶液的试管里。

生　真神奇，溶液变蓝了！

师　碘与淀粉反应，生成的物质是蓝色的，而且颜色很深。只需要少量的淀粉，就能看出这一性质。所以说，淀粉是碘的灵敏度试剂。

生　碘也是淀粉的灵敏度试剂。

师　很好！你知道举一反三了。

生　碘淀粉也是一种盐吗？

师　不是的，淀粉不是金属，它是由碳、氢、氧三种元素组成的。

生　我们可以用它来染色吗？

师　不能，因为这种颜色不够稳定。现在我把试管里的碘淀粉加热。

生　它又没有颜色了。

师　你再看，我把试管的下半截笔直地放入冷水。

生　又变蓝了！但只有下半截是这样。

师　我再把试管从冷水里面取出来，让它稳稳地立着。

生　它们慢慢地都变蓝了。

师　你可以得出什么结论呢?

生　碘淀粉在温度高的时候没有颜色，在温度低的时候有颜色。

师　这话不够准确，你仔细观察，碘淀粉受热之后，碘水带有一点儿褐色。

生　这么说，碘在加热时又恢复了原来的状态，对吗?

师　我把你的话补充完整：加热时，碘和淀粉不能化合，它们各不相扰，
　　冷却时它们便能化合成蓝色的碘淀粉。

生　为什么它们有时候能互相化合，有时候又不能呢?

师　为什么你的问题有时候聪明，有时候又很傻呢?

生　我也不知道这是为什么。

师　不同的物质是否可以相互化合，有时候就取决于温度的高低，碘和淀
　　粉就是这样的。

生　我想起来了！铁跟碳也要在高温之下才能在氧气中燃烧。

师　是的，但这跟碘淀粉的情形并不完全一样。

生　您是说碘和淀粉在低温下才会互相化合吗?

师　不仅是这样，燃烧反应似乎不能在常温之下发生，原因是低温时反应
　　速度过慢，人们不易察觉。而我们现在讨论的碘淀粉，无论经过多长
　　时间，都不能在高温下生成。

生　碘和淀粉在低温时可以很快化合，那它们在高温时岂不是应该化合得
　　更快吗?

师　好吧，看来你还记得化学反应速率会随着温度升高而增加。事实是这

样的，碘和淀粉在低温时形成的化合物，加热之后会分解，冷却之后又会重新形成。

生　我没听明白，您可以详细解释一下吗？

师　水在低温时是液体，高温时会变成蒸气，冷却后又会变成液体。你多从这个方面想一想，也许会更容易理解。

生　水在常温下也会蒸发，只是高温时蒸发得更快而已。

师　这和碘淀粉很相似呀！碘淀粉在常温下会分解一部分，温度越高，分解得越厉害，到最后就没有了。这个问题，我们不继续讨论了，等你以后掌握了更多的化学知识，我们再回过来讨论。在碘和淀粉的这个实验中，为什么碘淀粉下半截是蓝色的，上半截却是白色的呢？

生　因为它下半截是冷的，上半截是热的，所以才会这样。

师　对啊，如果只让上半截冷下来，而让下半截保持原来的温度，那会怎样呢？

生　上半截变蓝，下半截还是白色的。

师　我加热试管时，总是加热下半截，但变白的不只是下半部分，而是所有溶液。我们平时烧水也只加热锅底，但是所有的水都会变热，这是为什么呢？

生　啊，我明白了！热水比冷水轻，所以总是会浮上去，我们可以让热水浮在冷水上面，但不能颠倒过来。①

师　这样说就对啦！为了在水里溶解更多的碘，使实验现象更加明显、反应更迅速，我在碘水里面加了些酒精。你看，液体完全变成了褐色。

生　这是为什么呢？

---

① 水温大于 4 摄氏度时，热水比冷水轻。

师 碘极易溶于酒精，如果我把酒精加入水中，那么碘在酒精溶液中的溶解度就介于水和纯酒精之间。现在我在面包上面滴一滴碘溶液。

生 完全变黑了。

师 其实是蓝色的，因为颜色太深，所以看上去像黑色[①]。碘遇上面包中的淀粉，生成了深蓝色的碘淀粉。你可以用同样的方法去检测马铃薯、苹果、豌豆、蚕豆等食物中的淀粉。

生 它们都含有淀粉吗？

师 是的，植物的许多部位都含有淀粉。如果狡猾的屠户在香肠里面掺了面粉，我们也可以用这种方法来证明，因为肉里面是不含淀粉的。

生 这样我就能用碘来施行魔法，让那些伪装的东西现出原形了！

师 利用碘溶液，人们还发现了更重要的事情，比如发现了晒过太阳的树叶含有淀粉，而长期处于黑暗中的树叶不含淀粉。

生 这跟什么有关呢？它很重要吗？

师 我以前说过（第二十七课），树叶在阳光的照射之下，内部会发生化学反应，后来化学家观察发现，这种化学反应的初步产物就是淀粉。

生 没有阳光的时候，树叶中的淀粉跑哪儿去了呢？

师 一部分被消耗了，另一部分被送到了别的地方。树叶也得消耗能量才能生存，它可以利用阳光自己制造能量。树叶待在暗处太久，其内部所储藏的淀粉就会被消耗掉。

生 马铃薯生长在泥土里面，它的淀粉是从哪里来的呢？

---

[①] 淀粉分为直链和支链两种，通常是以混合物的形式存在，直链淀粉遇碘变蓝，支链淀粉遇碘变紫，所以淀粉遇到碘的时候，不一定变蓝，通常是介于蓝色与紫红色之间，颜色偏暗。

师　问得好！马铃薯里面的淀粉是这样来的：树叶是制造淀粉的"工厂"，淀粉如果老是待在"工厂"里面，就会使"工厂"的空间越来越小，最终导致"工厂"无法继续运行。所以，植物必须把制好的淀粉运送到合适的地方，尤其是种子或球茎。

生　可是我们却抢走了植物储藏的食物。

师　这有什么关系，植物有很多用来储藏淀粉的地方。闲话少说，让我们继续讨论碘。碘和氯、溴是否还有相似点，你还可以通过哪些实验来证明呢？

生　碘可以跟金属化合吗？

师　可以。我在碘溶液里面加一些镁粉，摇晃一下，碘溶液就没有颜色了，和溴溶液一样，这说明它们发生了什么反应呢？

生　是生成了碘化镁吗？

师　没错，换句话说，就是碘生成了碘离子，而镁变成了镁离子。我把溶液过滤一下，加些溴水进去，你看见什么了？

生　溶液又变成褐色了，也许是因为碘的作用吧！

师　你说说，怎样才能证明它是碘呢？

生　往里面加点儿淀粉进。

师　很好！我这里还有一些糨糊，加进去之后果然变黑了。

生　但液体黄中带绿，并不是蓝色的。

师　这是因为淀粉加得太少，所以只有少量碘变成了碘淀粉。现在我把这种溶液倒入另一个试管，用水稀释一下，再加一些淀粉进去。

生　现在变成蓝色了，可见这确实是碘。

师　你也可以加热这些液体，看看蓝色是否会消失，再看看冷却之后是否还会变蓝。

生　我一定会做这个实验的。

师 现在我另取一些碘化镁溶液，加入一滴硝酸银溶液，硝酸银和氯离子、溴离子会发生什么反应呢？

生 生成白色沉淀。这也有沉淀出来，但它是淡黄色的。

师 你可以看出碘跟其他几种卤素之间的异同了。它们还有一种相似之处，我往碘液里面加一些氢氧化钠溶液，你看到什么了？你准备怎样解释呢？

生 溶液褪色了，也许生成了一种名字很长的盐。

师 你觉得是哪一种盐？

生 应该是次碘酸钠，我说对了吗？

师 没错，你写一下化学方程式。

生 这种方程式我都能背下来了，$2NaOH+I_2 \rule[0.5ex]{1.5em}{0.4pt} NaIO+NaI+H_2O$。

师 很好！如果我把溶液放在一旁静置，碘就会跟 6 摩尔钠发生反应。你写出方程式，读一遍。

生 $6NaOH+3I_2 \rule[0.5ex]{1.5em}{0.4pt} NaIO_3+5NaI+3H_2O$，又生成了碘……

师 又生成了碘酸钠。碘的这个反应，比其他卤素更容易发生，并且也快得多。所以，我们不能保存次碘酸钠，它在溶液里存在的时间很短暂。

生 是不是也有碘化氢呢？

师 是的，碘化氢和氯化氢、溴化氢一样，也是气体，但它很容易变成液体，在水里的溶解度也很大。这是我刚刚制好的碘化氢溶液，现在是无色的，我把它倒在一个浅口容器中，你看，他很快就变成了褐色。

生 好像和碘是一样的，您能往里面加一些糨糊吗？

师 好，我加一些。它又变蓝了，可见它的确是碘。

生 它是从哪里来的呢？

师 空气中的氧跟碘化氢中的氢化合产生了碘，方程式是 $4HI+O_2 \rule[0.5ex]{1.5em}{0.4pt} 2H_2O+2I_2$。如果把溶液静置几天，所有碘化氢都会分解成碘和水，碘

就会变成晶体析出来。碘和氢的结合并不紧密，换句话说，碘化氢很容易分解。

生 这么说，碘化氢和氯化氢恰恰相反，因为氯化氢是由氯和水反应生成的，而氧被赶出去了（第二十九课）。

师 是的，而且生成氯化氢的反应要借助日光。我还想通过实验告诉你，碘化氢也是一种强酸，和其他几种卤素的氢化物一样。我在锌或镁上面倒一些碘化氢溶液，你看，氢气释放得特别快，就像我在上面倒了盐酸似的。如果我在大量水中滴一滴碘化氢溶液，这些水就可以迅速使石蕊变红。关于碘的知识，我暂时就讲到这里了。

# 第四十一课 | 硫

师 说起硫，你知道哪些呢？

生 它是一种黄色的固体。

师 硫有哪些特性，你说来听听。

生 硫不能导电，但它可以燃烧，燃烧时的气味很难闻。

师 说得不是很对。

生 至少那种气味是难闻的吧？

师 硫无论燃烧与否，都没有气味。

生 我不明白您的意思……啊，我知道了！难闻的是硫燃烧时所生成的物质，一定是硫的氧化物！

师 没错，这种物质含有一个硫原子和两个氧原子，所以它叫二氧化硫。

生 它是气体，对吗？

师 是的。

生 既然硫没有气味，那它一定不能蒸发。

师 你认为空气里的一切物质都能被闻出来吗？

生 只要有气味就可以，比如室内有臭味时，只要让房间透透气，就能把所有臭味赶出去。

师 不对，赶出去的只是大部分臭味。当臭味在室内减少到一定限度时，你就闻不出来了，因为你的嗅觉不够灵敏。

生 真的吗？

师 对于一切可以引起嗅觉的物质而言，鼻子算是一种试剂。我看得出你想问，有哪些物质？关于这一点，我们知道的不多。每种试剂都有感应限度，鼻子也不例外，所以当某种气味在空间中超过一定分量，我们才能闻出来。这个分量除以空间就是浓度。一种试剂的浓度低于某种限度，就会失去效果。

生 具体是什么意思呢？

师 就是说反应不能发生了。比如，对木头和煤的燃烧而言，氧气就是一种试剂。即使空气中含有许多氧气，木头也会在空气中熄灭。

生 我闻不到硫蒸气的气味，是因为我的嗅觉不够灵敏吗？

师 没错，有进步！现在我要向你证明，硫在常温下也会蒸发。你在一把新的银勺里面倒一点儿硫黄，明天再看，就会发现硫黄周围产生了一圈褐色的物质。

生 这是为什么呢？

师 硫黄蒸发了，硫蒸气与银生成了灰黑色的硫化银。

生 怎么证明与银化合的是硫蒸气而不是固态硫呢？

师 如果是固态硫与银化合，那就只有硫黄与银接触的地方会生成灰黑色斑点。但现在硫黄周围产生了新的物质，这就说明硫去了更远的地方，如果不是硫蒸气，那还会是什么呢？

生 我明白了！

师 现在你已经认识了固态硫和气态硫，现在我们再来了解一下液态硫。硫黄可以熔化吗？

生 可以，我们用火点燃硫黄的时候，可以清楚地看见它在熔化。

师 没错，我们来做一下这个实验。先在试管中放几块硫黄，然后将试管放在火上加热。你瞧，硫黄很快就变成了液体。硫黄在 120 摄氏度时就会熔化，如果我把熔化的硫黄倒出来，这些液体很快就会变成固体。从这点看来，硫很像水——你还记得水在熔化时或凝固时的情形吗？

生 水融化时的温度和凝固时的温度是相同的，都是 0 摄氏度。

师 没错！硫也是这样，不过温度是 120 摄氏度罢了。我们继续加热硫，你猜会发生什么现象呢？

生 它会沸腾。

师 是的，但在沸腾前，我们还能看到很多现象，你说来听听。

生 硫黄的颜色越来越深——硫黄快要流出来了，您不要这样拿试管！奇怪，怎么没有流出来，难道它又变成固体了？

师 不是变成固体，是它太稠了。因为加热，液态硫会变得越来越浓稠。

生 它变成了黑褐色，就像烧煳的牛奶一样。

师 只是看起来很像而已。我将试管从火上移开，让试管中的物质冷却下来，刚才发生的变化又会再来一次，只是过程恰恰相反而已。硫的颜色又变淡了，也不像之前那样浓稠。现在，它又凝固了，牛奶烧煳了可不会这样。现在我再来加热它，使它经过一系列变化。等硫开始沸腾，就会出现红褐色的气体。

生 这些气体不容易看出来吧？

师 硫蒸气很快就会凝结，因为硫在 444.6 摄氏度才开始沸腾，所以硫蒸气很容易重新变成液体。现在我把熔化的硫黄倒入冷水，你取出来看看。

生 完全不像硫黄，像是松香和橡皮。

师 其实它还是硫黄，它被点燃之后还是会像硫黄那样燃烧。放久一点，它又会变成普通的黄色硫黄。现在这种东西，其实是硫的另一种形式——非晶硫。

生 我不明白。

师 之前讨论碳的时候我说过，一种元素可以有多种形式的单质，你回顾一下，有哪些碳单质呢？

生 我想起来了，金刚石和石墨都是碳单质。

师 没错，要怎样证明呢？

生 它们燃烧时都可以生成二氧化碳。

师 只要它们的分量相等，那么生成的二氧化碳也是等量的。如果把这个道理运用到硫元素上面呢？

生 只要非晶硫和普通硫黄分量相等，那它们燃烧后的产物的分量也一定相同，如果非晶硫真是硫黄的话。

师 没错！但是非晶硫燃烧时放出的热量更高，这是为什么呢？

生 我知道，您在讨论碳元素的时候说过。这些由同种元素构成的不同物质叫作同素异形体，它们含有的能量各不相同。

师 记性不错！同素异形体和物态的转化有些相似，因为我们可以使硫黄变成非晶硫，而且非晶硫也能自动变成普通的硫黄。

生 但它现在还是跟橡皮一样呀！

师 把它放在温度较高的地方，过两天它就会变得又硬又脆了。

生 为什么不会立刻变成普通硫黄呢？

师 这种转变在固体中总是进行得很慢。除了非晶硫，还有好几种硫的单质，但它们在常温下都不稳定，而且不易制造，所以我不打算做实验给你看了。现在，我们讨论一下硫黄燃烧的产物吧！

生 是气味很刺鼻的那种东西吗？

师 是的，它是一种气体，叫二氧化硫。它含有两个氧原子和一个硫原子，化学式是 $SO_2$。你把硫黄燃烧的化学方程式写出来看看，要当心，别把氧气的化学式写错了。

生　$S + O_2 \xrightarrow{\text{点燃}} SO_2$

师　没错，通过这个方程式，我们可以知道硫黄在氧气中燃烧时，气体的体积不会增加。

生　为什么？

师　你应该想得到。硫黄是固体，1摩尔氧气可以生成几摩尔二氧化硫呢？还有，每一摩尔气体占多少体积呢？

生　我明白了！因为气体的摩尔数相等，它们的体积也必然相等，所以1摩尔二氧化硫占有的体积和1摩尔氧气占有的体积也一定相等。

师　很好！我做个实验给你看看，很快你就会理解得更透彻。我把一根玻璃管弯成这个样子（图58），如果在它里面装一些水银，它就是一个压力计了。

生　压力计是什么？

师　压力计是测量压力的一种仪器。只要我把压力计跟一种器具连接起来，就可以知道这种器具内部的压力。我让它穿过木塞，这个木塞上还插着一只盛有硫黄的铁匙。我点燃硫黄，将木塞紧紧塞住烧瓶（图59），你观察一下压力计。

生　最外面的玻璃管里面的水银上升了，看来瓶内压力要大于外界压力。

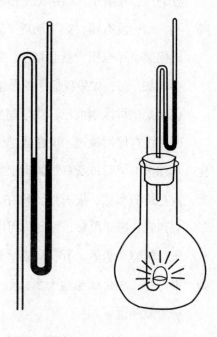

图 58　　　　　　　图 59

师　没错，因为硫黄燃烧释放的热量使烧瓶里的空气获得了更大的压力。

生　现在硫黄熄灭了，水银也跌下来了。

师　等一切冷却之后，玻璃管里面的两根水银柱会变得一样高，这说明消
　　耗的氧气与生成的二氧化硫的体积是相等的。

生　这是怎么确定的呢？

师　我们没有将烧瓶里面生成的二氧化硫放出去，如果它占有两倍体积，
　　结果会怎样呢？

生　烧瓶里的压力就会更大……我明白了！压力没有变化，如果按照体积
　　来计算，生成的气体正好代替了消耗的氧气。

师　对啦！两种气体的摩尔数相等，它们体积也一定相等，这个定律只适
　　用于彼此的温度和压力相等的时候。

生　还有一点我没想明白，烧瓶里面本来都是空气，而氧气只占空气的五
　　分之一，难道刚才的结论是错的吗？

师　不，结论没有错，如果消耗了五分之一的氧气，生成了五分之二的二
　　氧化硫，那么压力就会增加。如果我们用的是纯氧，实验后的压力就
　　会增加一倍；如果我们用的是空气，实验后的压力就会增加五分之一，
　　仅仅是这种区别而已。为了避免瓶内压力因过热而变得太大，所以我
　　刚才没有使用纯氧。现在我把烧瓶打开，往里面加一些水。

生　水加进去之后，就有气体跑出来了，真难闻！

师　我把烧瓶塞住，摇一摇。现在，如果我拔出木塞，瓶外的空气就会带
　　着声音往瓶子里钻，由此你可以得出什么结论呢？

生　气体溶解在水里，所以烧瓶里面的压力变小了。

师　很好！二氧化硫易溶于水，至于生成了什么东西，你用石蕊试纸测试
　　一下就知道了。

生　试纸变红了，生成了酸，对吗？

师　没错，二氧化硫溶解在水里，发生了什么反应呢？

生　它一定从什么地方得到了氢——它赶跑了水里的氧，然后抢走了氢，对吗？

师　它确实从水里得到了氢，但它没有赶走氧，因为它溶解在水里时并没有放出气体。这个方程式是 $SO_2+H_2O =\!=\!= H_2SO_3$，二氧化硫与水生成了亚硫酸。

生　我能看到亚硫酸吗？

师　不能，因为在加热二氧化硫的水溶液时，不仅会失去水，就连二氧化硫也会跑掉，最终什么都不剩。

生　那我们怎么知道它的溶液里含有亚硫酸呢？

师　如果我们加入氢氧化钠溶液，那它们就会生成亚硫酸钠，相应的化学方程式是 $2NaOH+H_2SO_3 =\!=\!= Na_2SO_3+2H_2O$，亚硫酸钠在水分蒸发之后变成晶体析出了。我们也可以用其他盐参与反应，获得各种亚硫酸盐。亚硫酸盐的溶液里都含有二价的亚硫酸根（$SO_3^{2-}$）。因为亚硫酸是由二氧化硫加水生成的，所以我们也称其为含水二氧化硫，而将二氧化硫称作亚硫酸酐。总之，凡由酸缩水而成的氧化物均可称作酸酐，简称酐。

生　酐是自成一类的特殊物质吗？

师　不是，因为我们经常用到这一名称，所以我才告诉你。现在我要告诉你二氧化硫的几种特性，同时做一个实验给你看看。首先，二氧化硫不利于植物的生长。

生　这是肯定的，因为它太难闻了。

师　不是因为这个，你好好想一想，氮化合物也很难闻呢！二氧化硫的毒性极大，工厂排放的废气中含有大量二氧化硫，所以这些工厂附近的植物会大量死亡。煤里面也含有硫，燃烧时会放出不少二氧化硫，所以植物放在煤气燃烧的房间里也很难长好。

生　二氧化硫真讨厌！

师　但它也有好处，因为它对有害的细菌和植物也会起到同样的作用。地窖发霉的时候，只要在里面烧一些硫黄，就能杀死那些有害的霉菌。

生　没想到这种坏东西也有好的一面呢！

师　任何物质都是这样的，我们不能只了解物质的一种性质。现在我要做一个实验，你去花园里面摘几朵鲜花给我。

生　鲜花来啦！您要用它干什么呢？我很好奇。

师　我点燃硫黄，把鲜花放在旁边，用一个玻璃罩罩住它们。你仔细看看，发生了什么反应？

生　什么都没有啊……有了！那朵玫瑰花的颜色变淡了！现在，其他几朵也变了，它们都变白了！还挺好看的呢！

师　这是二氧化硫的另一种性质，它们可以将植物色素漂白。

生　我们能不能利用这种性质做些有益的事情呢？

师　当然可以，二氧化硫可以漂白织物。

生　用氯漂白不是更好吗？

师　二氧化硫比较便宜，氯更容易损坏织物。关于二氧化硫，我们就讲到这里了。

# 第四十二课｜硫酸

**师** 硫酸是一种重要的硫的化合物，它有许多用途。你还记得哪些关于硫酸的知识呢？

**生** 硫酸是一种强酸，与水混合会放出大量的热，也能吸收空气里的水分。

**师** 那它的化学式与组成呢？

**生** 化学式是 $H_2SO_4$，有两个氢原子，所以它是二价的酸。

**师** 很好，你还记得哪一种物质可以证明硫酸的存在吗？

**生** 记得，木头碰到硫酸后会变黑，就像烧焦了一样。

**师** 这种方法只能用来检验浓硫酸，对于稀硫酸可不行。你知道为什么吗？木头为什么会变黑呢？

**生** 因为它失去了水分……啊！如果硫酸已经有了很多水分，它就不会夺走木头里的水了！

**师** 没错，你记得还有哪一种反应可以证明稀硫酸或硫酸根的存在吗？

**生** 我明白您的意思了，我们可以用钡盐得到一种白色沉淀，因为硫酸根和钡离子可以生成硫酸钡。

**师** 对啦！这是专门检测硫酸根的，但稀硫酸里面还含有氢离子呢，你怎么证明？

生　它是一种酸，可以用石蕊试纸来验证。

师　没错，因为硫酸溶液中不仅含有硫酸根，还含有氢离子，所以必须用两种不同的反应来证明。你还记得我们用它做过什么实验呢？

生　从食盐里面制取盐酸。

师　没错，除此之外，我们还可以用它来制取其他的酸。

生　那硫酸是怎么制造的呢？

师　制造硫酸离不开硫黄的燃烧。这是一件很重要的工作，规模很大。

生　硫黄燃烧不是只能生成二氧化硫吗？

师　是的，你比较一下二氧化硫和硫酸的化学式，由二氧化硫变成硫酸还缺少些什么呢？

生　它们的化学式分别是 $SO_2$ 和 $H_2SO_4$，还缺少氢元素和氧元素。

师　所以只要添加水和氧气就行了。我们几天前做的二氧化硫溶液，还剩了一些在这儿，如果我往里面加一些氯化钡……

生　很快就会产生沉淀，亚硫酸变成了硫酸，对吗？

师　是的。

生　也就是说，我们只要把二氧化硫溶液暴露在空气中，就可以制取硫酸了？

师　虽然可以这样做，但是有点儿麻烦，因为这个反应需要很长时间才能完成，而且在这个过程中，会有一部分二氧化硫蒸发。所以制取硫酸时，总是先点燃硫黄，再将二氧化硫、空气和水蒸气一起通入铅室，它们会在催化剂的作用下迅速变为硫酸。[1]

---

[1] 铅室法制硫酸的方程式为 $SO_2+N_2O_3+H_2O \!=\!\!=\!\! H_2SO_4+2NO$，$N_2O_3$ 是递氧剂，也就是催化剂。

生　为什么要用铅室呢？

师　因为铅不会被硫酸腐蚀。

生　用的催化剂是什么呢？

师　是氮的氧化物，你以后会学到的。用这种方法制成的硫酸叫铅室酸。在制作过程中，如果不往铅室通入这么多水蒸气，反应就会出现问题，所以铅室酸中还会含有 35% 的水，使用之前，要先去掉水分。

生　怎样去掉水分呢？

师　加热就行了。含水的硫酸加热后，硫酸中只剩下少量水分，市面上出售的浓硫酸就是这样制成的。近些年，我们已经不用硫黄，而用自然界中的硫化铁或硫化锌来制二氧化硫，它们在空气中燃烧也会生成二氧化硫，同时生成金属氧化物。

生　我想看一看。

师　以后你可以去硫酸厂参观。现在，我想给你做一个实验（图60），我先点燃铁匙里的硫黄，放进大烧瓶里，再把小烧瓶里放出的水蒸气通入大烧瓶，最后放入蘸有浓硝酸的玻璃棒。过一会儿，你就会看见玻璃棒四周产生了红色蒸气。几分钟后，如果我停止输送水蒸气，冷却

图 60

大烧瓶,瓶底就会聚集一种液体,它具有酸性,还能跟氯化钡生成沉淀,它就是硫酸。

**生** 是的,我看见了。

**师** 我把这些酸倒入坩埚,再加一些白糖,加热坩埚,过一会儿,剩下的渣滓就会变成深褐色和黑色。

**生** 就像木头被滴上了浓硫酸那样。

**师** 没错,我们也可以用白糖来检验硫酸。现在,我用猛火加热另一滴硫酸,你看见什么了?

**生** 产生了浓浓的白雾。

**师** 这是因为硫酸变成了蒸气,蒸气又凝结成雾。你看看这种东西,放在瓶里时,它就像一团棉花,我把瓶子打开,用玻璃棒取出一些放在空气里,它会像加热的硫酸那样生成烟雾。

**生** 这是什么呀?

**师** 这是三氧化硫,我取一些放进水里。

**生** 这声音就像把烧红的铁插进水里一样。三氧化硫很快就消失了,是溶解了吗?

**师** 是的,现在溶液里面有了硫酸,你用氯化钡和石蕊检验一下。

**生** 没错,这是为什么呢?

**师** 类似于二氧化硫变成亚硫酸的反应,你回想一下这个反应。

**生** 二氧化硫是一种气体,可以溶解在水里,与水生成亚硫酸。

**师** 三氧化硫是一种易挥发的固体,可以溶解在水里,与水生成硫酸,它的化学式是 $SO_3$,你只要听名称就知道了,它与水反应的方程式是……

**生** 我来写! $SO_3+H_2O = H_2SO_4$。三氧化硫放进水里为什么会有声音呢?

**师** 因为放出了大量的热,三氧化硫是危险品,所以我们必须小心保存和使用。

生 为什么会冒烟呢？

师 因为它吸收了空气中的水分，生成了难以挥发的硫酸。常温下，硫酸不能以蒸气的形式存在，所以变成了雾。

生 那三氧化硫是怎么形成的呢？

师 二氧化硫与氧气生成的。

生 那它不应该在硫黄燃烧的时候就生成吗？

师 没错，硫黄燃烧确实可以生成三氧化硫，不过很少，因为二氧化硫与氧气的化合很慢，如果想得到大量三氧化硫，就必须使用催化剂。

生 用哪一种催化剂呢？

师 铂金粉、氧化铁都行。这里有一根粗玻璃管，玻璃管里装有少许石棉，石棉外有一层铂金粉。我把玻璃管斜放（图61），隔着它加热石棉，烧热的空气就像烟一样往上升呢！现在，我把一根燃烧的硫黄棒放在玻璃管下端……

图 61

生 冒出了很浓的白烟。

师 而且生成了三氧化硫，而三氧化硫又与空气中的水蒸气化合成了硫酸。三氧化硫的用途很广，按照这个方法制成的三氧化硫非常多，它也叫硫酸酐，你知道这是为什么吗？

生 我记得您在讲二氧化硫的时候说过！硫酸缩水后会变成三氧化硫，化学方程式是 $H_2SO_4 \xrightarrow{\text{高温}} H_2O\uparrow + SO_3\uparrow$，所以三氧化硫又叫硫酸酐。

师 很好！我还要跟你讲几点关于硫酸盐的知识。硫酸可以生成两种盐，这取决于它的氢是部分被金属取代，还是全部被金属取代。前一种情况下生成的盐，我们称之为酸性盐；后一种情况下生成的盐，我们称之为中性盐。

生　这两种名称有什么含义呢？

师　我们写出硫酸氢钠的化学式，因为只有一个氢原子被钠取代，所以化学式是 $NaHSO_4$。我这里有这种盐，它是一种白色晶体，我把它溶解在水中，再用石蕊试纸检验。

生　试纸变红了。

师　是的，虽然两个氢原子中有一个被钠取代了，但剩下的氢的酸性却没有受到影响。

生　硫酸氢钠溶液与镁放在一起也会放出氢气吗？

师　当然会，你试试看！

生　是的，氢气放得很快呢！

师　所以说，剩下的那个氢确实显酸性，它的味道也是酸的，所以我们称这一类盐为酸性盐。至于中性钠盐 $Na_2SO_4$[①]，也许你已经认识了，因为它没有氢，所以也不会有氢的反应，它在德语中写作 Glaubersalz[②]。

生　我肚子不舒服的时候就吃过硫酸钠，味道太糟糕了！它在德语里为什么叫 Glaubersalz 呢？

师　Glauber 是一位德国医生，他对硫酸钠的药用效果十分认可，所以他将其称作"上好的盐"。Glaubersalz 是后人为了纪念这位医生而取的名字。我给你一些芒硝，你不用摇头，我不是要让你吃下去，而是让你证明它是中性的，没有酸类的其他性质。你还可以证明它与氯化钡可以生

---

① $Na_2SO_4$ 即硫酸钠，又被称作芒硝。

② Salz 在德语中表示食盐或化学中的盐类。

成沉淀，进一步说明它含有硫酸根。

生　是的，这些实验正如您所说的那样。

师　关于硫酸，我们暂时就讲到这里了。我还想补充一句：虽然硫酸不会
　　出现在自然界中①，但硫酸盐分布很广，除了硫酸钠、硫酸镁和硫酸
　　钙等，它们多数都是中性盐。

生　请您继续讲下去！

师　等我以后讲到各种金属的时候，我还会再提到它们的。

---

① 在火山地带会出现微量的硫酸。

# 第四十三课｜硫化氢

师　今天我们要去室外上课。

生　是不是我们要做什么爆炸的实验？还是会用到味道特别难闻的东西？

师　会有很难闻的东西，我打开瓶盖让你闻闻。

生　妈呀！这味道就和臭鸡蛋一样！这又是一种硫化物吗？

师　是的，它叫硫化氢，化学式是 $H_2S$。硫化氢是一种气体，易溶于水，刚刚给你闻的是硫化氢的水溶液。现在我往玻璃杯里倒少量硫化氢溶液，放在一旁，为什么要这样做，你很快就知道了。现在，你告诉我，硫化氢可以燃烧吗？

生　这我怎么会知道呢？

师　你可以通过化学式推测一下，你先说说，硫化氢是由什么组成的？

生　是由硫元素和氢元素组成的，硫黄和氢气都可以燃烧，这样说来，硫化氢大概也可以燃烧。

师　没错，我们来制一些硫化氢，再用火点燃它。这个实验需要用到两种物质，一种是黑色的，它叫硫化亚铁；另一种是酸，比如盐酸。这两种物质发生反应的化学方程式是 $FeS+2HCl \!=\!=\!= H_2S\uparrow + FeCl_2$

生　这是盐被酸分解了，对吗？

师 说得好！硫化氢跟氯化氢一样，也是一种酸，而硫化亚铁就是它的盐。

生 那我们是不是可以用硫酸代替盐酸呢？

师 当然可以，你写出方程式看看。

生 $FeS+H_2SO_4 \rule[0.4ex]{1.5em}{0.4pt} H_2S\uparrow +FeSO_4$

师 很好。你来给这个实验组装一套仪器吧！

生 我觉得可以。这套仪器应该和氢气发生器相似（第十七课）。温度较
低的时候，硫化氢会释放出来吗？

师 可以，硫化氢是一种气体，硫
化铁也很容易分解。我们做一
套跟氢气发生器相似的仪器
（图62），但不用普通漏斗，
而用滴液漏斗。

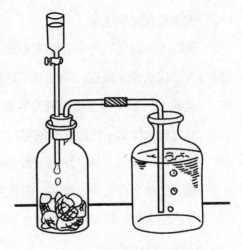

图 62

生 滴液漏斗有什么用呢？

师 我们让酸滴入硫化铁里，这样
就不会生成过多的硫化氢。等
我们制取好硫化氢，就关上旋
塞，因为我们没必要制造太多
这种难闻的气体。

生 一切都准备好了。

师 我将盐酸慢慢滴入硫化亚铁，把生成的气体通入一只装满水的瓶子里。

生 它好像没有在水里溶解。啊，我知道了！最初释放的是瓶内的空气，
现在有气味了。

师 现在我往瓶子里放入一个崭新的铜币。

生 它的颜色变深了，接近黑色。

生 那是硫化铜。铜抢走了硫化氢里的硫，赶走了氢，这类似锌与氯化氢

的反应。现在我用一个银币来代替铜币。

生　也变黑了，这个反应和刚刚一样吗？

师　是的，生成了硫化银。

生　我又闻到臭鸡蛋的味道了！我们用银勺吃蛋，有时勺子会变黑，就和刚才一样，它们是不是有什么关联呢？

师　当然有关联啦！蛋白中含有硫的化合物，而硫很容易变成硫化氢释放出来。蛋在煮熟后，尤其是腐烂后，往往会发生这种反应。我们闻到的味道就是硫化氢。

生　所以不是硫化氢的味道像臭鸡蛋，而是臭鸡蛋的味道像硫化氢。

师　可以这么说。现在，我们有了足够的硫化氢溶液。我把带有铂嘴的玻璃管（图26）接在硫化氢发生器上，再点燃硫化氢。

生　您之前为什么不立刻这样做呢？

师　硫化氢和氢气一样，跟空气混在一起会爆炸。如果我们一开始就这样做，那就会有危险。现在，你看到什么了？

生　蓝色的火焰。现在我闻到了二氧化硫的味道，硫化氢、硫黄燃烧都会生成二氧化硫吗？

师　是的，现在我把一个大烧杯罩在火上。

生　烧杯壁上出现了水珠，看来里面有氢。

师　是的。现在我把一块玻璃放在火上来回移动，让它均匀受热。

生　玻璃上面产生了一层白色的东西，那是什么呀？

师　硫黄。如果我能控制火势，那就只有氢能燃烧，而硫因为冷得很快，就不会燃烧了。这和烛火相似，不过蜡烛燃烧时析出的是碳。

生　但玻璃上的那层物质是白色的，不像硫黄啊。

师　因为它太少了，一般情况下，一种物质的粉末越少，颜色就越显淡，你之前不是学过吗（第二课）？如果我往玻璃管里通入硫化氢，同时在外面加热，那你就可以清楚地看到硫黄，因为这时大部分硫化氢都会分解，氢跑了，硫黄就析出来了。你看，现在已经能清楚地看到那是硫黄了。

生　我们是不是可以反过来，让氢气和硫黄化合成硫化氢呢？

师　如果我们使氢气通过加热的硫黄，就可以生成少许硫化氢。现在，你看看之前放在一旁的那杯硫化氢溶液。

生　它变浑浊了，析出了一种白色物质。

师　这也是硫黄，空气里的氧气与氢结合成水，所以有硫黄析出，化学方程式是 $2H_2S+O_2 = 2H_2O+2S\downarrow$。硫化氢很容易放出氢气，所以它是一种强效的还原剂，也就是说，它能把其他物质里的氧气取走，或者将氢气送给它们。我们还可以用它把碘变成碘化氢。这里有一些碘，我在上面倒一些水，再往里面通入硫化氢。

生　一下子就变浑了，又是因为硫黄吗？

师　是的，你把方程式写出来看看。

生　嗯……硫化氢含有两个氢原子，而碘只需要一个……我知道怎么写了：$H_2S+I_2 = 2HI+S\downarrow$。

师　没错。

生　您一摇动液体，它就变成褐色了，过一会儿又变白了。

师　我振荡溶液时，总会有碘溶解在里面，过一会儿又会变成无色的碘化氢和白色的硫。我们用石蕊试纸测试一下，你看，立马就变红了，这是因为氢碘酸起了作用。

生　难道硫化氢不是一种酸吗？

师　它也是酸，但它是一种弱酸，如果我把石蕊滴入硫化氢溶液中，溶液就会变成深红色，而不是橙红色的。现在我要通过实验告诉你硫化氢的重要性质。这里有许多金属盐溶液，我在每一种溶液中加入硫化氢溶液。你来说说各种盐溶液中酸根离子含有的金属名称以及生成的沉淀的颜色。

生　锌、镉、锑、铋、铅、铜、银，沉淀的颜色分别是白色、黄色、橙色、褐色、黑色、褐色、褐色。所有金属都能生成这些沉淀吗？它们到底是什么东西呢？

师　这些沉淀都是金属的硫化物，你刚刚已经看到了，它们的颜色大多都很深，很容易看出来，所以我们常用硫化氢来辨识各种金属，准确地说，用它来辨识溶液里的金属离子。你把硫酸铜和硫化氢的反应方程式写出来看看。

生　我试试：$CuSO_4 + H_2S = CuS\downarrow + H_2SO_4$，如果这个方程式是对的，那就是生成了硫酸。

师　没错，我说过，硫化氢是可以电离出两个氢离子的酸，硫化铜是对应它的铜盐。如果 A 酸和 B 酸盐反应生成了 A 酸盐，那么一定也会生成 B 酸。

生　但您还说过，硫化氢是一种弱酸，而硫酸是一种强酸，硫化氢怎么可以赶走硫酸呢？

师　硫化铜难溶，所以才会发生这个反应。硫化氢虽弱，但一开始生成的那一点点硫化铜不能存在于溶液，所以大部分都变成固体析出了，于是溶液中又会生成新的硫化铜，新的硫化铜又会变成固体析出。所以只要硫化氢足够，那么铜最后就会完全变为硫化铜。

生　如果我没理解错的话，溶液里总会溶解少许硫化铜。

师　非常正确，你完全听懂了！但剩下的硫化铜特别少，可以忽略不计。

生　那它岂不是可有可无的东西吗？

师　世上有许多我们肉眼无法看见的东西，这些东西需要在显微镜下才能看清楚。

生　对哦。

师　我再做几个实验给你看，你看过之后就会明白了。这是之前锌溶液与硫化氢生成的白色沉淀，我们当时用的是硫酸锌。我们可以用这个方程式来表示这一反应：$ZnSO_4 + H_2S =\!=\!= ZnS\downarrow + H_2SO_4$，硫化锌比硫化铜易溶，所以即使我用了很多硫化氢，也不能完全把锌变成沉淀。溶液里还有硫化氢的味道，所以硫化氢的确是过剩了。如果我把硫化锌过滤掉，在滤液中加入氢氧化钾溶液，那就又会产生硫化锌沉淀。

生　这是为什么呢？

师　我把这个实验做给你看。先从滤器上取一些白色沉淀，用水调一调，再加些稀硫酸。

生　完全变清了？这是发生了什么反应呢？

师　你把刚刚那个方程式倒过来读一下。

生　硫酸与硫化锌反应生成硫化氢和硫酸锌，对吗？

师　是的，这两种反应都是可能的，关键要看哪一边更强。如果溶液里硫化氢和锌盐比较多，那么就会生成硫化锌和硫酸。如果酸比较多，那就会生成锌盐和硫化氢。

生　您能具体解释一下吗？

师　我这里还有一些硫酸锌溶液，我先往里面加入硫酸，再加入硫化氢。你看，溶液里没有产生沉淀，因为溶液里的酸太多了，对照方程式来说，也就是反应不能从左向右进行。如果我用氢氧化钠中和酸，很快就会出现沉淀。

生　我之前没有弄明白的就是这一点！

师　是的，之前是因为硫化锌沉淀的同时生成了许多硫酸，所以硫化锌不会继续沉淀。但后来我用氢氧化钾溶液中和了硫酸，所以又产生了硫化锌沉淀。

生　我得好好想一想，不然还是理解得不够透彻。

师　以后我们还会遇到这类情况的，你先记住这条原理：任何一种反应的生成物都可以阻止这种反应全部完成，这种效果多数都很微弱，但在某些情形下会很明显。

生　请您先告诉我，硫化亚铁是硫化氢反应生成的一种盐吗？

师　是的，为什么问这个问题呢？

生　这样看来，硫化氢的生成与硫化锌相似，因为按照这个方程式也能生成硫化氢：$FeS+H_2SO_4 \xlongequal{\quad} H_2S\uparrow+FeSO_4$

师　好极了，你越来越像一个化学家了！硫化亚铁比硫化锌更易溶解，所以我们将硫化氢通入一种亚铁盐里，不会产生沉淀。这是硫酸亚铁的溶液，我再加入一些硫化氢溶液。

生　没有反应。

师　硫化亚铁和酸不能同时存在，它一遇到酸就会放出硫化氢。如果我们想颠倒过来，使硫化氢和一种亚铁盐生成硫化亚铁，那么一定就会生成酸，而酸会溶解硫化亚铁，所以硫化亚铁不能沉淀下来。

生　原来如此。

师　是的，如果你能记住这种情况，那当然是最好了。因为分析化学中证明和分离不同金属的方法都基于这一点。说到这里，我要告诉你，重金属的硫化物在自然界分布很广，比如铅、铜、银等金属最重要的矿石就是硫化物。

生　矿石是什么呢？

师　矿石在博物学中指天然的金属化合物，比如铁矿大都是铁的氧化物。许多金属都是由天然化合物经过化学反应制造出来的，在应用化学中，冶金学是历史最悠久的一个分支。那些硫化物一定要经过煅烧才能制成金属，在煅烧过程中会生成二氧化硫。

生 硫酸就是用它们制造的吗?

师 是的, 这些矿石被煅烧时会产生金属的氧化物。

生 那还是和矿石没什么区别啊!

师 当然有区别, 我们可以在高温下用碳使这些金属的氧化物变成金属, 因为碳可以与氧气化合为二氧化碳。

生 我们不能直接去掉硫吗? 为什么要走这么多弯路呢?

师 不能, 因为我们暂时还不知道更加简便的方法。这个问题我们暂且说到这里, 以后讨论金属的时候, 我们还会回到这个问题上来。

# 第四十四课 | 氮和硝酸

师　你还记得氮吗？

生　记得，氮气是一种无色无味的气体，空气里含有大量氮气，我记得好像是四分之三。

师　是五分之四，准确地说是百分之七十八。还有呢？

生　氮的化合物不多。

师　氮的化合物有很多，你应该说氮气的化学性质不活泼才对。你认识硝石吗？它就是氮的化合物。

生　它是一种盐吧？好像可以用来制造烟花和火药。

师　是的，硝石是硝酸的钾盐，硝酸的化学式和组成，你之前已经学过了（第三十三课），它的化学式是 $HNO_3$，你能根据这个化学式写出硝酸钾的化学式吗？

生　让我想想……硝酸钾的化学式是 $KNO_3$。

师　很好！硝石里面含有钾、氮、氧三种元素，我现在就用实验来证明氮的存在。我将少许硝石和一些铁粉混合起来，铁粉的质量是硝石质量的 10 倍，使它们大概占据试管容积的三分之一。现在我将试管口塞住，然后把它放在酒精灯上略微加热。你说说，接下来我们要怎样证明氮的存在呢？

生　氮气可以使火焰熄灭。

师　没错，我把燃烧的木片伸入试管口。

生　还在继续燃烧……现在熄灭了。再将木片点燃伸入试管口，这次火焰瞬间就熄灭了。第一次没有立刻熄灭，是不是因为氮气不够多呢？

师　是的。铁抢走了硝石里面的氧，所以氮气被赶了出来，因为它不会跟铁、钾化合。

生　钾有什么变化呢？

师　它与一小部分氧化合，生成了氧化钾，和铁一起剩了下来。

生　难道不是氧化铁吗？

师　是的，但为了避免化学反应过于剧烈，我们用了过量的铁，所以只有一部分铁变成了氧化铁。等剩下的这些物质冷却后，我把它们放进水里，再用石蕊试纸测试一下。

生　试纸变蓝了，也就是说生成了一种碱，是不是氢氧化钾呀？

师　是的，氧化钾的化学式是 $K_2O$，方程式是……

生　让我来写！$K_2O+H_2O \Longrightarrow 2KOH$。

师　我们再来验证一下氧的存在。我把少许硝石放入试管里加热，最后会有氧气释放出来，再把即将熄灭的木片伸进试管口。

生　木片又烧起来了。现在我们已经知道了硝石里的三种元素，不过，硝石里是不是还有其他元素呢？

师　如果钾、氮、氧的质量之和与硝石的质量相等，那就说明硝石里面不含有其他元素了。

生　您可以做个实验看看吗？

师　这种实验又麻烦又费时，而且那些步骤你也不一定能看明白，以后你有时间了可以亲自做实验。现在，我们要用硝石来制造硝酸，还要用到哪些东西呢？

生　不知道。

师　你想一想，我们是怎样用食盐制取盐酸的呢？

生　是与硫酸一起加热吗？硝酸也会挥发吗？

师　是的。如果是纯硝酸，大概会在86摄氏度沸腾，浓度越低，沸点就越高，但不会超过120摄氏度。你把方程式写出来，与盐酸那个方程式相似。

生　$H_2SO_4+2KNO_3 \xrightarrow{\triangle} K_2SO_4+2HNO_3$

师　没错，现在我们照着这个方程式做，你用原子量计算一下，看看每种东西需要多少。

生　两份硝酸钾是 $2 \times$（39.10+14.01+48）=202.22，一份硫酸是 2.02+32.07+64=98.09。

师　很好。硫酸约为硝石的一半，但我打算用同样的分量来做实验，因为这样反应就更好进行了。

生　为什么呢？

师　你一定还记得，在我们选定的条件下，酸性盐（第四十二课）比中性盐更容易生成。如果要达到这个目的，就得用更多的硫酸。我把磨细的硝石倒在一只曲颈瓶里，再往里面加入硫酸。

生　为什么不像制造盐酸那样用烧瓶呢？

师　因为硝酸蒸气可以使一切有机化合物如木塞、橡皮等氧化，所以我们只能让它们接触玻璃。我在曲颈瓶的出口放一只烧瓶，把烧瓶放入一盆冷水中（图63）。现在，我要开始蒸馏了。

生　硝酸蒸气是黄色的吗？

师　你是不是看硝酸是黄色的，就以为硝酸蒸气也是黄色的呀？其实硝酸蒸气没有颜色，但硝酸很容易失去一部分氧，生成褐色蒸气，极少的灰尘就可以促成这个反应。

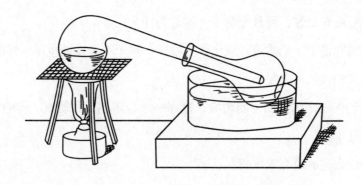

图 63

生　现在已经有黄色的水珠滴下来了。

师　水珠呈现黄色与蒸气呈现黄色的原因相同。纯硝酸和水一样，本来是没有颜色的，但因为褐色蒸气溶解在里面，所以就变成黄色的了。我继续蒸馏，等收集到少许硝酸，就使它冷却下来。硝酸的腐蚀性很强，所以我们一定要小心！

生　是什么东西在曲颈瓶的出口冒烟呢？

师　是沾在曲颈瓶出口的硝酸，因为我拿掉了烧瓶，所以它就跑到空气里了。我说过，含水的硝酸比纯硝酸沸点高，所以纯硝酸蒸气才会吸收空气里的水分而变成难以挥发的雾状含水硝酸。

生　所以它在干燥的空气里不会冒烟，对吗？

师　没错。如果我在一只大瓶里面倒一些浓硫酸，让瓶内壁都沾上浓硫酸，那么瓶里的空气很快就变干了。现在我用玻璃棒蘸一些在空气里会冒烟的硝酸，伸进这只瓶子里。

生　现在不冒烟了。

师　我们怎样才能证明蒸馏出来的液体是一种酸呢？

生　只要用石蕊试纸测试一下就知道了。

师　我照着你的话试试，你看。

生　试纸没有变红，而是变黄了，这是为什么？

师　我刚刚说了，硝酸可以氧化很多物质，对于石蕊试纸也是一样的。

生　那我们该怎么办呢？

师　我们在一杯水里加一滴硝酸，搅拌一下，再用试纸测试。你看，试纸变红了。

生　为什么这次没有氧化呢？

师　因为硝酸被水稀释了，氧化反应发生得很慢。现在，我在一块铜片上滴一滴硝酸。

生　铜片上出现了泡沫，而且生成了黄色气体，那滴硝酸先是变绿，然后又变蓝了。啊，真难闻！

师　小心，这种气体有剧毒！你猜那蓝绿色的东西是什么？酸与金属反应会生成什么？

生　不是盐吗？没错，酸与金属会生成盐，并放出氢气。但黄色气体究竟是什么东西呢？

师　这个反应不会放出氢气，硝酸里的氧气会把它氧化成水。黄色气体是硝酸失水所形成的。生成的盐叫什么？它的化学式怎样写？

生　那一定是硝酸铜，化学式是 $CuNO_3$。

师　不对，铜是二价的，所以化学式是 $Cu(NO_3)_2$。你看，硝酸铜的颜色和我们之前制的那些铜盐的颜色完全相同，这就是铜离子的颜色。如果我洗一洗铜片上滴过硝酸的位置，你就能看到一个坑，印刷用的铜版就是根据这个反应制造的，方法是在铜板上涂一层漆，将文字或图片刻上去，然后再用硝酸来腐蚀铜板，这个方法叫蚀刻法。

生　硝酸腐蚀铜板不是会放出有毒的气体吗？而用盐酸或硫酸只会放出氢气，那不是更好吗？

师　这两种酸无法溶解铜。

生 为什么呢?

师 铜不能赶走酸里面的氢,只会被氢气从它的盐里面赶走。如果氢气能在刚放出来就被硝酸里的氧夺走,那么不仅是铜,就连银都能溶解。我这里有一小片银,我把它放在试管里,然后倒入少许稀硝酸。现在我加热它们,又放出了黄色气体,银也溶掉了——你说说,生成物是什么?

生 生成了一种盐,因为您用的是硝酸,所以是硝酸银。慢着,它与盐酸反应会生成沉淀啊!

师 是的,你可以试试看。

生 一切金属都能溶于硝酸吗?

师 在你所知道的这些金属中,只有金和铂不溶于硝酸。我们可以用硝酸来分离金和银的混合物,所以我们从前叫它分金水。现在我用另一种方法做个实验,证明硝酸很容易释放氧气——我把一块炭烧红后放进浓硝酸里。

生 真奇怪,湿炭居然也会燃烧!

师 硝酸容易释放氧气,所以它有许多重要的用途,在很多反应中被用作氧化剂。

生 金属能溶解在硝酸里,也是因为氢被氧化了吧。

师 非常正确!现在我要告诉你,硝石是最早被人类利用的化学物质之一。

生 我们能在地下找到硝石吗?

师 硝石并非产自地下,它不像其他矿石那样,在地下埋几千万年。如果硝酸盐与钾盐相遇,我们就能从它们的混合物中得到硝酸钾。如果再把水蒸发掉,硝酸钾变成结晶析出,从前人们就用这种方法来制造火药和硝酸。

生 现在呢?

师　在 19 世纪后半叶，人们在南美洲的智利发现了另一种硝酸盐，那就
　　是硝酸钠①。从那时起，它就成了最重要的硝酸盐，其他一切硝酸盐
　　和硝酸都是用它来制造的。不过大部分智利硝石都用来做化肥了。

生　我们不是用粪便做肥料吗？

师　粪便当然要用，但粪便含氮不够，无法大量增加农作物的收成，所以
　　我们才把智利硝石做成氮肥，用以促进农作物的产量。

生　如果有一天智利人不卖了呢？

师　有人买就有人卖。不过智利硝石也会慢慢用完的。

生　用完之后，那些农民怎么办呢？

师　他们可以用别的氮肥。氮还有一种常见的化合物叫作氨，也就是阿摩
　　尼亚，下一节课我们再来讨论它。

---

① 硝酸钠又叫钠硝石、智利硝石。

# 第四十五课｜氨

师　我们上次讨论了关于硝酸的各种问题，你挑几个重点说来听听。

生　有一种硝酸盐叫硝酸钠，因为它产自智利，所以又叫智利硝石，可以用来制作肥料。我们可以用它来制造火药吗？

师　我们可以用它制成各种无烟火药。你说说，怎样用它制作硝酸呢？

生　把它和硫酸一同蒸馏，就会生成一种能在空气中冒烟的液体。最近我的手指上面突然多了几块黄斑，洗也洗不掉，这是硝酸引起的吗？

师　是的，皮肤一旦接触到硝酸，就会出现这种黄斑。硝酸的腐蚀性很强，我们使用它的时候必须加倍小心。你还记得硝酸的化学式怎么写吗？

生　$HNO_3$，硝酸含氧多，容易释放氧气，所以它能溶解很多种金属。金属溶于硝酸之后，硝酸会放出黄色蒸气，但这种气体所含的氧气要比硝酸少很多。

师　你知道硝酸是几元酸吗？

生　上次好像没有说过这个问题呀！不过它只含有一个氢原子，大概是一元酸吧！

师　没错。现在我们来讨论氮的另一种化合物——氨，也叫阿摩尼亚，你以前听过这个名字吗？

生  听过。有一次一个哥哥拿了一个瓶子让我闻，熏得我眼泪都流出来了，没想到那么刺鼻！他说瓶里装的是阿摩尼亚，还说阿摩尼亚有益于卫生。

师  那就是了。阿摩尼亚是氮和氢的一种化合物，在常温下是气体，易溶于水。阿摩尼亚的水溶液看上去跟水差别不大，但气味十分刺鼻。这里有一些阿摩尼亚的水溶液，你扇闻一下。

生  是的，和上次那味道是一样的，我居然还记得！

师  因为这种气味比较特别，所以你记得很牢。对化学家来说，气味很重要，可以通过它来辨识各种物质。

生  是的，我现在就能轻易辨别氯气、硫化氢和阿摩尼亚。

师  还有，我们的鼻子也是十分敏感的气味检测器。

生  那嗅觉是怎样产生的呢？

师  鼻孔里的黏膜会吸收物质的气味，气味与嗅觉神经末梢发生化学反应。嗅觉神经末梢非常细小，所以微量的物质就能使我们产生明显的嗅觉。我们继续讨论阿摩尼亚，它的化学式是 $NH_3$，这说明了什么？

生  说明阿摩尼亚是由氮、氢元素组成的。

师  它的分子量有多大？

生  $14.01+3\times1.01=17.04$。

师  没错！关于它的密度，你能根据分子量得出什么结论呢？阿摩尼亚比空气轻还是重呢？

生  气体密度与分子量成正比，但空气是一种混合物，它没有分子量啊！

师  是的，但是我们可以根据空气中各种气体的分子量计算出来。空气由 21% 的氧气和 79% 的氮气组成，所以只要把 21% 的氧气分子量跟 79% 的氮气分子量加起来就行了，你计算一下。

生  氧气分子量是 32，它的 21% 也就是 6.72；氮气的分子量是 28.02，乘以 79% 等于 22.14。把它们加起来就等于 28.86。

**师** 很好！你把他与阿摩尼亚的分子量比较一下，或者用阿摩尼亚的分子量除以它。

**生** 它们的商是 17.04÷28.86=0.59，所以阿摩尼亚比空气轻。

**师** 是的，只要用任何气体的分子量除以 28.86，就可以知道那种气体比空气重多少倍了，如果我们得到的商小于 1……

**生** 说明这种气体比空气轻。

**师** 没错。你还记得怎么用铁和硝石来制造氮气吗（第四十四课）？如果我们仿照这个方法，把铁和氢氧化钠一起加热，就可以制成氢气。氢氧化钠中总是含有过剩的水分，而水分会被铁分解（第十七课）。我把一份氢氧化钠和五份铁放入一支小试管中，用插着一根玻璃管的木塞塞住试管口，然后加热。现在有气体产生了，你把点燃的小木片伸过去看看。

**生** 这是氢气的火焰，不过这跟阿摩尼亚有什么关系呢？

**师** 我想通过实验说明，阿摩尼亚可以由氢气和氮气反应生成。我把一份硝石、两份氢氧化钠和二十份铁一起加热，你小心地闻一闻。

**生** 没错，这是阿摩尼亚的味道。

**师** 我把一根玻璃管浸泡在浓盐酸里，再把它放在试管口。

**生** 产生了浓雾，这雾是从哪里来的呢？

**师** 你很快就会知道的。我在试管口放一张潮湿的红色石蕊试纸。

**生** 试纸变蓝了，是因为碱吗？

**师** 是的，你用红色石蕊试纸测试一下玻璃瓶里的阿摩尼亚溶液。

**生** 我还没把它放进溶液里，它就变蓝了。所以说阿摩尼亚是一种碱，但里面没有金属呀！

**师** 是的，但碱有什么特点呢？

生 让我想想……碱通常含有氢氧根离子!

师 对啦!

生 阿摩尼亚的化学式是 $NH_3$,并不含有氢氧根离子呀!

师 没错,二氧化硫与三氧化硫也不是酸,却能与水生成酸,阿摩尼亚也是这样,它能与水生成碱,化学方程式是 $NH_3+H_2O \Longrightarrow NH_3 \cdot H_2O$（$NH_4OH$）。我们将 $NH_4^+$ 称作铵根,所以 $NH_4OH$ 就叫氢氧化铵,它和氢氧化钠一样,也是碱。

生 铵根也可以构成盐吗?

师 当然可以,你刚刚看到的雾就是铵盐。

生 您刚刚把蘸了盐酸的玻璃管放在试管口……

师 是的,氯化氢与氨或阿摩尼亚生成了氯化铵: $HCl+NH_3 \Longrightarrow NH_4Cl$。

生 这和您以前告诉我的制盐方法（第三十七课）完全不同呢。

师 酸与碱生成盐的同时总会生成水。

生 这正是它们不一样的地方。

师 阿摩尼亚气体比氢氧化铵少了水,所以当它接触酸的时候正好生成了盐,而没有生成水。

生 原来是这样啊!现在我明白了,道理其实很简单。

师 所以当我们需要氢氧化铵的时候,才会直接用阿摩尼亚溶液。我们以后还会经常用到它的。

生 我们能不能仿照氢氧化钠的蒸发制备法得到氢氧化铵呢?

师 不能,因为氢氧化铵在蒸发时会分解成阿摩尼亚和水,这两种物质都会挥发,阿摩尼亚挥发得更快,情况与二氧化硫相似（第四十一课）。

生 所以它的气味才这么浓烈。

师 是的。你猜一猜,阿摩尼亚能燃烧吗?

生 它含有氢元素,应该可以燃烧,但氮是不能燃烧的。

师 如果我们想点燃阿摩尼亚，只要不移开火焰，它就会一直燃烧，只要移开火焰，阿摩尼亚就会熄灭。使用催化剂也可以使阿摩尼亚燃烧，生成硝酸。

生 如果智利硝石用完了，我们也可以用这个方法来制造硝酸，对吗？

师 前提是我们有足够的阿摩尼亚。

生 讲了半天阿摩尼亚，我都没见过它呢！您能给我看看吗？

师 它是一种无色气体，现在我加热少许阿摩尼亚水溶液——你瞧，温度虽然还很低，但液体好像沸腾了，那些气泡就是阿摩尼亚。

生 确实看不出什么，但能闻到刺鼻的气味。

师 阿摩尼亚在低温、高压的环境下很容易液化，液化后，我们可以把它们装进钢瓶，运送到各个地方。液态阿摩尼亚和水一样透明无色。

# 第四十六课 │ 磷

师　今天我们要进一步学习关于磷的知识。

生　太好了！磷比其他物质有趣多了，它可以在暗处发光！

师　人们最初发现磷的时候都有这种感觉。磷的发现史很有意思。

生　您快讲给我听吧！

师　你知道，古代的化学家总想把低廉的东西变成黄金。

生　是的，他们都是炼金术士。

师　1669 年，有个名叫布朗德的炼金术士，他是一名黑心商人，他觉得人
　　是自然界中最珍贵的物种，所以人体内一定存在能够转变为黄金的物
　　质，他企图通过蒸发人的尿液来获取黄金，结果意外得到了磷。

生　怎么可能呢？

师　一些食物中含有磷的化合物，它们会随尿液排泄出去。蒸馏尿液时，
　　尿液中的有机物会将磷还原出来。不过这种方法得到的磷很少，只是
　　因为磷的性质很显著，所以容易被人察觉。

生　布朗德最终还是没有得到黄金呢！

师　但他得到的磷几乎与黄金一样有价值呢！他四处旅行，不但把磷卖得
　　很贵，就连旁人看一眼也要花很多钱呢！

生 人人都能得到制磷的原料，难道别人就不会制造吗？

师 布朗德是一个自私的商人，所以他没有把制磷的方法告诉别人，但很快就有人研究出了制磷的方法，比如德国的孔克尔和英国的波义耳。

生 是不是发现波义耳定律的那个人啊？

师 是的，他们公开了制磷的方法。从那时起，人们陆续发现了更多制磷原料，所以磷在今天已经不贵了。这是现在市面上常见的棒形的白磷。

生 它是晶体吗？

师 不是。磷很容易熔化，我从瓶子里取出一块白磷。

生 瓶子里装的是什么液体呢？是水吗？

师 是的，放在水里是为了防止它在空气中自燃。我把它放在水里，然后切一块下来。

生 它软得像蜡一样。

师 是的，现在我把它放入盛了水的试管里，稍微加热一下。

生 它熔化了。

师 磷的熔点是 44 摄氏度。现在我把那支试管放入冷水，一切都冷却了，磷却还是液体。

生 它为什么没有凝固呢？

师 这是一种过冷现象（第二十课），如果我把玻璃棒放在固态磷上摩擦，再把它放入过冷的磷中，后者就会立刻凝固。

生 真好玩！我可以试一下吗？

师 白磷有毒，暂时还不能给你。现在我们继续加热。

生 它不会烧焦吗？

师 当然会，但没关系，我用试纸擦干一粒豌豆大小的白磷，然后放入一支干燥的试管里，再用棉花搓成一个塞子，轻轻地塞在试管口，再小心地加热试管。

生　试管里面出现了绿色的火焰!

师　白磷消耗了试管里的氧气,现在试管里只剩下氮气了。

生　液态磷最初是无色透明的,现在变得又红又浑,好像还生成了少许红色沉淀,那是什么啊?

师　这是磷的另一种单质,磷与碳、硫一样,也有同素异形体。白磷加热后会生成红磷,不过这很费时。这是储藏在瓶子里的红磷。

生　瓶子里为什么没有水啊?

师　因为红磷在空气中氧化得很慢,燃点比较高。红磷也是磷,它燃烧起来和白磷一样,会释放出很浓的白烟。现在我来点燃这块白磷。

生　它没有在氧气里燃烧时那么亮了。

师　现在我在铅皮上放一点红磷,用火去烧。

生　不是很容易点燃。

师　是的,我可以让你看得更明白。我在三脚架上放一块比较厚的镀锡铁,然后在镀锡铁一端放一块白磷,另一端放一堆红磷。现在我把镀锡铁的中心放在酒精灯的火焰上面,让白磷和红磷接收同等的热量。

生　现在白磷已经烧起来了。

师　红磷还要等很久才会燃烧。趁这会儿,我们先做一个让红磷变成白磷的实验。实验跟白磷变红磷一样,只是需要更高的温度。现在,你看见什么了?

生　试管的上半部分出现了一些透明的液滴,看上去就像一些油珠子。现在,那些液滴变红了。

师　红磷变成了蒸气,蒸气又变成了液态白磷。而在温度高的地方,又有一部分液态白磷变成了红磷。

生　变来变去的,我都糊涂了。

师　这个过程确实有点儿复杂。白磷的性质不稳定,而红磷的性质却很稳定。在常温下，白磷转变为红磷的速度很慢，随着温度升高，白磷变成红磷的速度就会加快。

生　这我知道，但为什么红磷又会变成白磷呢？

师　那是由红磷的蒸气变成的。我刚才用高温加热红磷，让它变成蒸气，蒸气凝结后，就变成了白磷，白磷就是这样从磷的氧化物中提取出来的。

生　既然红磷更稳定，那就应该生成
　　红磷，而不是白磷啊！

师　这里有一套实验仪器，可以解释
　　这一点。这是一个封闭的小曲颈
　　瓶（图 64），里面装了一些水，
　　没有空气。

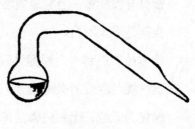

图 64

生　这是怎样做成的呢？

师　很简单，我们先把曲颈瓶的瓶口烧成一个尖头，然后烧开瓶中的水，等水蒸气完全赶走空气，再把尖头烧得闭合起来。现在，我用冰和少许盐制成一种冷却剂，用温度计测量一下——零下 5 摄氏度。我把尖头和瓶颈插入冷却剂里，你猜会发生什么反应？记住，曲颈瓶里充满了水蒸气。

生　水蒸气会凝结，在曲颈瓶的内壁上结冰。

师　你仔细看看，里面生成了什么东西？

生　生成了水，是不是过冷了呀？

师　是的，虽然液态水在零下 5 摄氏度时不如冰稳定，但还是会先生成水，这与红磷的蒸气先变成不稳定的白磷是一个道理。在物质之间转变过程中，最初总是会先生成一种不稳定的物质。

生　还有一点请您告诉我，为什么白磷在黑暗中会发光呢？

师　因为它在燃烧。

生　磷燃烧时会发出很亮的火焰，与它发光时不一样啊！

师　磷燃烧得快就会发出明亮的火焰，如果暴露在室温之下的空气中，它
　　就会慢慢燃烧，生成的物质也有所不同。

生　它能发光是不是因为它表面变热了呢？磷光看上去是绿色的。

师　不是，白磷的表面并不热。你知道，光是一种能，白磷的燃烧无论快慢，
　　都会释放能量。当它缓慢燃烧时，一部分能量会在低温下变成光。

生　我还是不太明白。

师　物体被加热到一定程度之后，就会有一部分热能变成光能释放出来。
　　这一类与温度有关的发光叫作热发光。除此之外，还有其他能量也能
　　转化为光能，比如白磷发光就是化学能转变成了光能。

生　萤火虫呢？

师　萤火虫的光并不是热发光，而是由化学能转变而来的。

生　为什么红磷不会发光呢？

师　我说过，红磷的燃点比较高。现在我们来讨论磷燃烧的产物。

生　也就是磷的氧化物。

师　是的，磷燃烧可以生成很多种氧化物，我们暂时只讨论含氧最多的那
　　种，这种氧化物是磷在明火下燃烧时所生成的。我在一只坩埚里面放
　　一块白磷，再把坩埚放在玻璃板上，然后点燃磷，在上面罩一只干燥
　　的玻璃杯。

生　真好看，就像下雪一样！只是下得不够大。

师　磷燃烧后会生成五氧化二磷，化学式是 $P_2O_5$。五氧化二磷是一种白色
　　物质，可以像雪一样聚成一团。现在我把落在玻璃板上的东西聚拢起
　　来，然后放进水里。

生　它发出了嘶嘶的声音。

师 五氧化二磷吸水性强，它在吸收水分的同时还会放出大量的热，所以才会发出嘶嘶的声音。因为它具备这种性质，所以常常被我们用作干燥剂。一种湿润的物质和五氧化二磷放在同一个密闭的容器中，最后就会失去水分。空气通过五氧化二磷之后也会变得非常干燥。你用石蕊试纸测试一下五氧化二磷溶液。

生 试纸变红了，所以生成了酸。也许这就跟三氧化硫一样，五氧化二磷与水化合了，化学方程式应该是 $P_2O_5 + H_2O == H_2P_2O_6$。

师 只说对了一半，这种情形比较复杂，方程式是 $P_2O_5 + 3H_2O$（热）$== 2H_3PO_4$，生成的酸叫磷酸，它是三元酸。反应刚开始的时候，的确会照着 $P_2O_5 + H_2O$（冷）$== 2HPO_3$ 这个方程式生成一元酸，不过这种酸很不稳定，它会吸收更多水变成三元酸，化学方程式是 $HPO_3 + H_2O == H_3PO_4$。我们现在只讨论最后这种三元酸，它会形成几种盐呢？

生 既然是三元酸，当然是三种盐。金属取代了一个氢原子，或者两个，或者三个。

师 没错，所以磷酸会生成三种离子，一种是三价的 $PO_4^{3-}$，一种是二价的 $HPO_4^{2-}$，还有一种是一价的 $H_2PO_4^-$。因为磷酸极易溶于水，很难变得干燥，所以它是一种潮湿的晶体。磷酸化合物对于一切生物必不可少。你看，这就是磷酸的钙盐。

生 这不是骨头吗？

师 它以前是骨头，现在已经用火烧过了。除了骨头，动物的细胞组织，尤其是神经与大脑中都含有磷酸化合物。植物的生长也需要磷，所以农田缺磷时，我们必须施磷肥。

生 从哪里可以得到磷盐呢？

师 兽类的粪便中通常含有磷盐。另外，我们还可以在许多地方找到磷酸

钙的矿石。生铁中也含有微量的磷，炼钢时得到的熔渣大多是磷酸钙和磷酸镁，这种炼钢法是一个名叫托马斯的人发明的，所以我们将这种钢渣称作托马斯磷肥，它在农业中的消耗量很大。

生　报纸上经常会登磷酸钙肥料的广告。

师　今天我们就讲到这里了。

生　磷还有哪些化合物呢？

师　太多啦，以后再来教你吧！你不能一口气吃成一个胖子。

# 第四十七课｜碳（二）

师　我们今天来讨论碳，其实你已经学过不少关于碳的知识了。

生　是的，碳的同素异形体有金刚石、石墨等。无烟煤、石煤、褐煤等物质都含有碳。

师　这些煤还含有哪些成分呢？

生　少许氮和一些杂质。

师　重要的是它们都含有氢。你认识哪些碳的化合物呢？

生　一氧化碳和二氧化碳，它们都是气体，前者有毒，后者无毒。

师　碳酸是什么东西呢？

生　二氧化碳与水化合会生成碳酸，它是一种弱酸，只能存在于溶液中，如果我们去掉水分，它就会分解为二氧化碳和水。

师　是的。也就是说，二氧化碳是无水的碳酸，所以它又叫碳酸酐，你写一下它的化学式。

生　一氧化碳是 $CO$，二氧化碳是 $CO_2$，碳酸是 $H_2CO_3$。这么说，碳酸是二元酸。

师　没错。你知道碳为什么那么重要吗？

生　一切动物都含有碳，而且它与能量有关，所以很重要。

**师** 你把后面那句话说得更明白些。

**生** 含碳物质燃烧后，我们可以得到光和热以及其他形式的能。植物可以利用阳光把二氧化碳变成碳。

**师** 植物制造的不是碳，而是碳的化合物，这类化合物可以燃烧，它们有的含氧量低，有的不含氧，不足以让碳完全燃烧。根据这一点，我们来深入探讨一下。你先回答一个问题：我们可以用什么方法测量能量呢？

**生** 能会以各种形式出现，所以我们要测量不同形式的能。

**师** 以前人们就是这样做的，但我们不是有一条能量守恒定律吗？

**生** 请您举个例子。

**师** 我们以前计算功，都是用质量乘以距离，因为质量的单位是千克，距离的单位是米，所以功的单位是千克米①。热最初则是用卡（cal）来计量，换句话说，就是 1 克水每升高 1 摄氏度所需要的热。后来，人们知道功与热可以相互转化，就把两者的比率计算出来了，方法是使若干千克米转变为热，测量产生了多少卡路里，最终得出 0.427 千克米相当于 1 卡。

**生** 我听懂了。

**师** 还有其他能，比如电能、动能等。如果每种能都有单位，那我们就得列出许多算式，因为得弄清楚它们之间的关系。我知道你还没完全听懂。假设我们不用千克米，而用一种数值是它的 0.427 倍的单位来计算功，那么 1 卡就代表 1 单位功了。

**生** 现在我明白了，所以说我们要为一切能量设立新单位了。

---

① 现在，我们一般用力乘以位移来表示功的大小，单位是牛·米（N·m）。

**师** 是的，这种单位叫作焦耳，简称焦（J）。

**生** 这个名字真奇怪！

**师** 焦耳是英国的物理学家，他率先精准地测定了热与功之间的单位关系，他也是最早重视能量守恒定律的科学家之一。能量守恒定律是一位名叫朱理亚·罗伯特·迈尔的德国医生于 1842 年发现的。1 卡约等于 4.1859 焦，一焦约等于 0.2389 卡，你得记住这些数值。

**生** 您为什么要讲得这么详细呢？

**师** 因为量化是科学的要素之一，所以计量单位特别重要，而且我们马上就要用到这些单位了。焦可以表示为千焦（kJ），1000 焦等于 1 千焦。

**生** 明白了。

**师** 煤燃烧时可以释放热量，你是知道的。

**生** 是的。

**师** 我们用的煤越多，得到的热量就越多，热量与煤的质量成正比。所以我们只要知道 1 克煤可以放出多少卡热量，就可以计算出任何质量的煤所能释放的热量是多少了。

**生** 也要看我们会不会烧吧？我妈妈经常说，如果不会烧煤，不管烧多少，房间也还是冷的。

**师** 说得对，如果不善于烧煤，热量就会通过烟囱跑出去。如果我们把热聚集起来，那么一定量的煤总可以供给一定量的热。

**生** 这是一条新的定律吗？

**师** 不是，任何物质都有一定的性质，燃烧热也是一种性质，所以它有定值。

**生** 我可不敢轻易下结论。

**师** 你可以下结论，但要检验你的结论是否可靠。燃烧热的定律与能量守恒定律有关。换句话说，燃烧只是化学反应的一种，而能量守恒定律适用于一切化学反应，任何物质发生化学变化，吸收或放出的热量都是一定的，热量与反应物的量成正比。

生　您可以解释得更清楚吗？

师　物质发生化学变化时，能量也会随之发生变化，结果就是放热。

生　除了热，也可以产生其他能啊！

师　是的，但其他能出现时，生成的热也就少了。只有使用特殊仪器，才会产生其他能。如果我们让物质直接反应，那么全部的能就都是热能，因此用热来计量化学反应中的能量变化非常方便。

生　我觉得我听懂了，但我没有把握。

师　做几道题你就会有把握了。假设一只锅炉里含有 1000 千克水，当我们在锅炉下燃烧 1 千克高纯度的煤的时候，水的温度升高了 8.1 摄氏度，那么 1 克煤可以产生多少卡热量呢？我们来计算一下，1000 千克等于 1000000 克，每克水的温度升高了 8.1 摄氏度，所以一共产生了 8100000 卡热量。

生　这我知道。

师　8100000 卡热量是由 1 千克煤产生的，所以一克煤可以产生 8100 卡热量。

生　这很简单啊！

师　因为 1 卡等于 4.18 焦，所以 1 克煤可以产生 33860 焦热量。但我们计算热量时最好不要用克，而要用碳的原子量，换句话说，就是把 12 克作为标准。也就是说 12 克煤可以产生 406000 焦或 406 千焦热量，我们将这个数值称作碳的燃烧热。

生　为什么用 12 克作为标准比较好呢？

师　我正要说呢，你先写出碳燃烧的化学方程式，碳与什么化合呢？

生　氧气，方程式是 $C+O_2 \xrightarrow{点燃} CO_2$。

师　这个方程式可以告诉你物质的量。如果我把它写成 $C+O_2 \Longrightarrow CO_2 + 406kJ$，就可以表明能量的多少了，因为我可以把它读作 12 克碳所含的能加上 32 克氧所含的能等于 44 克二氧化碳所含的能,再加 406 千焦热量。我们写这一类方程式时,必须把反应物的原子量算作克数,再把它们当作热量的计算标准。

生 直接用能来计算,这个想法太大胆了。

师 也许是你不知道那些物质含有多少能量,才会有这种感觉。不过,这是多数人都不知道的,我们所量的只是能量的差值。无论你把方程式写成什么样子,也不能求出每一种物质的能量值,你求出的是它们的能量值的差。

生 要掌握这些新知识,对我来说还有点儿困难。

# 第四十八课│碳（三）

**师**  你上一节课所学的知识是热化学的基础，这种方法同样适用于其他反应。

**生**  我记得，我们可以通过化学方程式标明物质的能量，但是我们无法得知它们的具体数值，只知道它们在反应前后的差别。

**师**  是的，这一点很重要，我们可以在这个基础上继续探讨。碳还可以和氧气生成一氧化碳，所以我们也可以算出碳变成一氧化碳时的能量变化。

**生**  只要让煤燃烧生成一氧化碳，再测定它产生的热能就行了。

**师**  要是能直接测出来就好了！而且煤直接燃烧只会生成二氧化碳，不知道有没有其他简单的方法可以使煤直接变成一氧化碳呢。我们可以使一氧化碳燃烧生成二氧化碳，这样测出来的值是 284 千焦，所以可以得出方程式：$CO+O \!=\!=\! CO_2+284kJ$[①]。

---

[①] 一氧化碳在氧气中燃烧生成二氧化碳的化学方程式的正确写法是 $2CO+O_2 \!=\!=\! 2CO_2$，作者这样写是为了便于下文的计算。

生　那我就不知道要怎么测量了。

师　我们来做一道简单的算术题。你先写成碳在氧气中燃烧生成二氧化碳的化学方程式，再把刚才那个一氧化碳的方程式写在下面，用上面的方程式减下面的方程式。

生

$$C+2O == CO_2+406kJ$$
$$- \quad CO+O == CO_2+284kJ$$
$$\overline{\qquad\qquad\qquad\qquad\qquad\qquad}$$
$$C-CO+O == 122kJ$$

师　再把左边有负号的项移到等号右边。

生　$C+O == CO+122kJ$

师　没错，这就是我们需要的方程式。通过这个方程式，我们可以看出碳和氧发生反应后生成了一氧化碳，并释放 122 千焦的能量。

生　这样算好像是对的，但我还是不太理解。

师　物质发生反应时所产生的能量是可以测算出来的，所以我们可以通过加减运算来计算它们的数值。那么人们是怎样算出这个结果的呢？我用一张图（图 65）来解释一下。AB 这条线段可以表示煤燃烧生成二氧化碳时所释放的热量。假设整个燃烧过程需要经过两个阶段，即煤先转变成一氧化碳，再转变成二氧化碳。我们用线段 AC 表示第一阶段，用线段 CB 表示第二阶段。现在已知线段 AB 的能量，也知道线段 CB 的能量，那么只要把 AB 的能量减去 CB 的能量，就可以得出 AC 的能量有多少了。

图 65

生　原来这么简单啊！我居然没想到，真不应该！

师　很多人都和你一样呢！其实很多难懂的道理本质上都很简单。接下来
　　我们还要认识几种碳氢化合物，第一种是甲烷——下次你去森林散步
　　时，可以装一瓶回来——我这里有一瓶。

生　森林里面有产生甲烷的地方吗？

师　森林里有很多沼泽，沼泽会产
　　生沼气。你应该见过沼泽里面
　　有时候会冒出气泡。如果用棍
　　子搅动沼泽，就会有很多气体
　　冒出来。只要准备一个装满水
　　的瓶子，将瓶口朝下，放在地
　　势低且潮湿的地方，这样就能
　　轻易收集到沼气了。如果在瓶
　　口上安装一个漏斗，那就更方
　　便了（图66）。沼气是甲烷
　　和二氧化碳的混合物，我们用

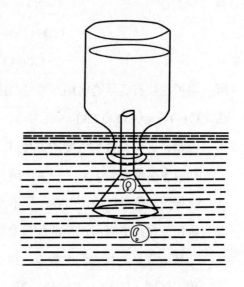

图 66

氢氧化钠溶液除去其中的二氧化碳，就能得到比较纯净的甲烷了。

生　这种气体有什么特点呢？

师　它是一种无色的气体，由碳元素和氢元素组成，化学式是 $CH_4$，你能
　　算出它的分子量是多少吗？

生　碳的原子量是 12，4 个氢的原子量是 4.04，所以 $CH_4$ 的分子量就是
　　16.04。空气的分子量是 28.86，所以甲烷比空气轻得多。话又说回来，
　　沼泽里面为什么会产生甲烷呢？

师　沼泽里的树叶在腐烂的过程中产生了甲烷。在这个过程中，空气中的
　　氧气无法进入，树叶中的碳便和水发生反应，生成了二氧化碳和甲烷，

方程式是 $2C+2H_2O \xrightarrow{\quad} CH_4\uparrow+CO_2\uparrow$。

师 为了让你相信它确实是由碳、氢两种元素组成的，我们点燃沼气，再在上方罩一个干燥的大烧杯，我们会看到有水珠流下来。接着，我们再往烧杯里面倒入一些石灰水，摇晃一下，就会生成白色沉淀。

生 必须产生沉淀。

师 甲烷也是天然气的成分之一，煤炭燃烧时会产生甲烷。煤的形成过程和甲烷相似，在挖煤时，经常会有甲烷从煤矿里冒出来，所以它又被称作坑道气[①]，这种气体对矿工来说十分危险。

生 它有毒吗?

师 虽然它不能维持呼吸，但也不能说它是有毒的。不过，它接触到明火时很容易燃烧，会引发爆炸。由于它没有气味，所以我们很难察觉到它。你能写出甲烷燃烧的方程式吗?

生 一个碳原子需要两个氧原子，四个氢原子也需要两个氧原子，所以一共需要四个氧原子，方程式是 $CH_4+4O \xrightarrow{\quad} CO_2\uparrow+2H_2O$

师 应该这样写：$CH_4+2O_2 \xrightarrow{\quad} CO_2\uparrow+2H_2O$。一单位体积的甲烷需要两单位体积的氧气，那一单位体积的甲烷需要多少单位体积的空气呢?

生 五个单位体积的空气就含有一单位体积的氧气，所以需要十单位体积的空气。

师 你看，微量甲烷和空气混合后就容易爆炸。甲烷燃烧会放出 886 千焦的热量，但是碳在燃烧时会放出 406 千焦热量，加上四个氢原子放出的 572 千焦热量，也就是 978 千焦。为什么甲烷燃烧所释放的热量会

---

① 坑道气也叫瓦斯。

比等量的碳元素和氢元素单独燃烧时的热量少 92 千焦呢？

生　怎么会这样呢？它们放出来的热量应该相等才对啊！

师　以前人们也这么想，但这个想法不对。你可以假设一下，如果碳、氢两种元素构成甲烷时所放出的热量和甲烷燃烧放出的热量相同，那么碳、氢两种元素在合成甲烷时就不应该产生热量了。

生　我明白了，这很像一氧化碳和二氧化碳的转化。

师　是的，而且碳、氢两种元素构成甲烷时所释放的热量是可以算出来的，我们有以下几个方程式：$C+O_2 \rightleftharpoons CO_2+406kJ$，$2H_2+O_2 \rightleftharpoons 2H_2O+572kJ$，$CH_4+2O_2 \rightleftharpoons CO_2+2H_2O+886kJ$。如果你把前面两个方程式加起来，再减去第三个方程式，就可以得到这个方程式：$C+2H_2 \rightleftharpoons CH_4+92kJ$。这说明碳和氢除了生成甲烷之外，还会产生 92 千焦的能量。碳、氢两元素在结合时已经放出了一部分能量，所以形成的甲烷燃烧时释放的热量就变少了。

生　我明白了，我一直在思考之前那张图（图 66）呢！

师　关于沼气，还有很重要的一点要告诉你。沼气是有机化学中的基本物质，你还记得有机化学吗？我跟你说过的。

生　碳可以构成许多化合物，有机体中含有许多碳元素。

师　没错，这些化合物基本上都含有氢元素，所以我们将最简单的碳氢化合物作为其他化合物分类时的基础。

生　难道碳氢化合物不止一种吗？

师　这类化合物有很多，比如和甲烷相近的 $C_2H_6$、$C_3H_8$、$C_4H_{10}$、$C_5H_{12}$[①]等。

生　这些化合物，每一个都比前一个多一个碳原子、两个氢原子。在哪里

---

① $C_2H_6$、$C_3H_8$、$C_4H_{10}$、$C_5H_{12}$ 分别指乙烷、丙烷、正丁烷、正戊烷。

可以找到这样的物质呢?

**师** 石油。甲烷是气体,这类碳氢化合物中所含的碳元素越多,就越难挥发。当我们开采石油时,会先有气体跑出来,所以宾夕法尼亚人就把这些气体燃料收集起来,用于工业之中。

**生** 这确实很方便。

**师** 从正戊烷开始,再往后的碳氢化合物都是液态的,而且含碳越多,沸点就越高。从 $C_5H_{12}$ 到 $C_8H_{18}$ [1],这些碳氢化合物是石油中易燃且易挥发的物质,它们的混合体叫石油醚,又称汽油 [2]。

**生** 是的,我听说过。

**师** 比 $C_8H_{18}$ 更高的碳氢化合物是灯用煤油。那些含碳更多的化合物有黏性,所以可以用作机油。含碳再多一点儿的就是半固态的石油脂。再往后则是一些接近固态的碳氢化合物,比如石蜡,也就是蜡烛的原材料。这一类碳氢化合物又叫烷烃,甲烷是烷烃中排名第一的化合物。

**生** 这些化合物的名字我需要背下来吗?

**师** 用不着。碳氢化合物还有很多呢!从煤焦油中可以提炼出一种结构和烷烃不一样的碳氢化合物,它的化学式是 $C_6H_6$,这种物质叫作苯。苯是一种液体,沸点是 80 摄氏度,熔点是 5 摄氏度,它也可以燃烧。我们点燃试一下——你看,燃烧后产生了很多黑烟,证明它含有不少碳元素。苯是很重要的物质,是很多人造颜料的原材料,所以我才告诉你。那些苯胺颜料或焦油颜料就是用苯和它的同系物制造出来的。

---

[1] $C_8H_{18}$ 的中文名称为正辛烷。

[2] 作者的表述不够准确,石油醚的主要成分是 $C_5H_{12}$(戊烷)和 $C_6H_{14}$(己烷),而汽油则是 $C_5 \sim C_{12}$ 脂肪烃、环烷烃类以及芳香烃的混合物。

生　难道苯也和甲烷一样有同系物吗?

师　是的,比如$C_7H_8$、$C_8H_{10}$[①]等,它们之间只相差一个碳原子和两个氢原子。不过苯的同系物没有烷烃同系物那么多。

生　我终于知道有机化学的范围有多广了!

师　我还想讲讲另一种碳氢化合物,它也是从煤焦油里提取出来的,名字叫萘。你看,这就是萘,它是一种有白色光泽的晶体,气味很重。

生　哦,这我认识! 妈妈经常用它来驱虫!

师　是的,萘所含的碳比苯还多,所以它燃烧时能产生许多黑色的烟,你看!

生　那些烟就像雪花一样乱飞乱舞呢!

师　关于碳氢化合物的知识,我们就讲到这里了,为了使你记住它们的衍生物,我再拿一种东西给你看一下,它是一种无色的重质液体,你闻过它的味道吗?

生　我在医院闻过,这是什么呢?

师　三氯甲烷。如果我们吸入少量三氯甲烷的蒸气,就会失去知觉,所以我们常常把它用作麻醉剂。它是甲烷的一种衍生物,化学式是$CHCl_3$。

生　它原来还含有氯元素啊,但它和甲烷有什么关系呢?

师　我把它们的化学式换一种形式写出来:

$$\begin{matrix} & & H & & & & & & H \\ & & H & & & & & & Cl \\ C & & H & & 和 & & C & & Cl \\ & & H & & & & & & Cl \end{matrix}$$

---

① $C_7H_8$、$C_8H_{10}$ 的中文名称分别为甲苯、二甲苯。

你可以看出来，如果我们使用三个氯元素替换甲烷中的三个氢元素，就可以得到三氯甲烷。

生　真的可以这样做吗？

师　当然可以，我们把沼气和氯气混在一起，再加上阳光的作用，就会发生反应，方程式是 $CH_4+3Cl_2 = CHCl_3+3HCl$。也就是说，氢元素被氯元素取代了。其实我们还可以让其他元素取代甲烷或其他碳氢化合物中里的氢元素，所以这种类似的反应能生成很多不同的物质。

生　还好我现在还不用学有机化学。

师　也许你觉得现在学习有机化学为时过早，但以后你就会慢慢发现有机化学的趣味。现在我们再来认识几种原则上不属于有机化学范畴的碳化合物。这种液体是由碳元素和硫元素组成的，它的化学式是 $CS_2$，叫作二硫化碳。

生　它的颜色是怎么回事儿呢？

师　二硫化碳的折射率很大，它的颜色看起来就像通过三棱镜折射出来的色光一样。我们倒一点出来看看。你看，它很容易挥发，而且很难闻，它还很容易燃烧，所以很危险。你觉得它燃烧后会生成什么呢？

生　硫会变成二氧化硫，碳会变成二氧化碳，对吗？

师　是的，二硫化碳的燃烧热是 1120 千焦，你算一下生成二硫化碳会放出多少热量。当然，你得知道硫的燃烧热才能计算出来，每一个硫原子或者说每 32.07 克的硫的燃烧热是 297 千焦。

生

$$C+O_2 = CO_2+406kJ$$
$$+\ 2S+2O_2 = 2SO_2+594kJ$$
$$\overline{CS_2+3O_2 = CO_2+2SO_2+1120kJ}$$

所以 $C+2S = CS_2 -120kJ$，放出的热量是 120 千焦。

师　错了。

生　我又算了一遍，没有发现错误呀！

师　数值是对的，但你没有理解里面的符号。在方程式里，碳和硫所含有的能量加起来等于二硫化碳所含的能量减去 120 千焦，也就是说二硫化碳所含有的能量要比碳和硫所含的能量多很多。所以生成二硫化碳时不会放出热量，只会吸收热量。

生　也就是说，硫和碳生成二硫化碳时温度可能会降低？

师　是的，硫蒸气和烧红的碳反应生成二硫化碳。所以制造二硫化碳时，必须不停加热，才能使制造过程不会间断。

生　那二硫化碳有什么用处呢？

师　它的用途很广，它是很多物质的溶剂，碘溶解在里面会形成好看的紫红色溶液，硫黄也很容易溶解在它里面。蒸发溶剂后，可以得到完整的晶体。另外，它还可以溶解脂肪和树脂，所以我们可以用二硫化碳把它们从混合物中提取出来。同时，它还可以用于葡萄园的杀虫工作。

生　用处真大啊！

师　其实我还没说全呢！因为我的目的只是让你知道二硫化碳和二氧化碳的化学式相似。以后你还会发现氧和硫组成的化合物都很相似。我再给你看一种奇怪的物质，它叫氢氰酸。

生　它很像水，但为什么要密封在试管里呢？

师　因为它的毒性很强，而且容易挥发。如果把它放在普通试管里，只要你闻到它的气味，你就会立刻失去知觉，甚至有生命危险。

生　真吓人！但它并不是蓝色的，为什么叫 Blausäure 呢①？

师　因为可以用它制成蓝色的化合物。以后我们讲到铁的时候，你就有机

①Blau 在德语中表示蓝色的。

会认识那种蓝色化合物了。氢氰酸的化学式是 HCN，和盐酸相似，不过它们一种含有氯元素、一种含有碳氮化合物 CN，后者也叫氰，氢氰酸的名字就是这样来的。

生　我们可以制造氰吗？

师　只要把含氰的汞化合物加热就行了，氰化汞会和氧化汞一样分解为水银和氰。氰跟氯一样，是一种没有颜色的气体，它的分子量是 52，所以化学式是（CN）$_2$。

生　这种结构和氯一样。

师　是的，氢氰酸也可以构成含有一价氰根的盐类物质，这是其中最普遍的一种，叫作氰化钾，是一种白色的有毒物质。氰化钾易溶于水，除了含有钾离子，它还含有氰根（CN$^-$）。我在稀释的氰化钾溶液里加一点儿硝酸银溶液。

生　产生了沉淀，和氯化银一样。

师　这是氰化银。到现在为止，你应该知道了简单的氯离子和复杂的氰根很相似。那么关于氰和碳的知识，到这里就告一段落了，以后我们还会碰到的。

# 第四十九课 | 硅

师 你回顾一下上节课所学的知识。

生 我们不能直接计算有些化学反应所放出的热量，只能间接计算。有些化合物在合成时需要吸收热量。我还学了几种有机物，按照顺序，它们之中的每一种物质都比前一种物质多一个碳原子和两个氢原子，它们是同系物。

师 还有呢，比如这些物质的性质很相似，碳含量越高，沸点和熔点也就越高。

生 是的，石油也是碳氢化合物，石油脂和石蜡也是。

师 没错，差不多就是这些了。今天我们要认识一种新元素，它是地球上分布最广的元素之一，那就是硅。我以前说过，燧石是硅的氧化物。硅很难制造，因为我们不容易去除硅的氧化物中的氧。这里有硅的两种标本。

生 它们看上去完全不一样。

师 硅也有很多同素异形体，这种褐色粉末是非晶状体，而这种有光泽的灰色物质则是晶体。我们暂时不用深入讨论硅的同素异形体，只需要掌握一些关于二氧化硅的知识。

生 二氧化硅就是燧石吗?

师 燧石的主要成分是二氧化硅,水晶是含二氧化硅最多的物质,它是一种美丽的透明晶体,形状一般为带有六棱锥体尖端的棱柱体。水晶多多少少都含有一些杂质,因此会呈现出紫色、粉红色、茶色等各种颜色,分别称作紫水晶、蔷薇水晶、烟水晶等,而石英则是含有少量杂质的无色透明的水晶。

生 这些杂质是怎么跑进去的呢?

师 水晶的形成经过了几百年,它是从硅酸的水溶液中慢慢分离出来的,这些溶液中含有其他物质,所以在分离时会混入杂质。

生 人们为什么断定是水溶液的原因呢?

师 烟水晶在加热后会褪去颜色,变成一种无色的物质,所以可以推断出它形成时没有经过高温。

生 那颜色也可以在晶体形成后再加进去呀!

师 它的质地很硬,不可能加进颜色。人们找到过一些大小接近人体的烟水晶,其内部颜色比市面上出售的水晶还深,这个例子便能驳倒你的观点了。

生 我之前好像听您说过硅酸。

师 二氧化硅是一种酸酐,它形成的酸就是硅酸。但硅酸和你以前认识的那些酸酐不同,它不溶于水,所以和水反应也不能形成酸。

生 那怎样才能得到硅酸呢?

师 可以从硅酸盐里得到。自然界有很多硅酸盐,它们是由硅酸和金属化合而成的,在地壳中,这些盐占了很大比例。普通的花岗岩是由三种物质组成的,第一种是石英,第二种是红色的晶状长石,第三种是片状的云母。长石是由硅酸和钠、铝等金属形成的硅酸盐。

生 那硅酸是什么样的呢?

师　这个问题不好回答。纯净的硅酸我们还不知道，但它的水溶液具有不同的性质。我给你看一下硅酸钠溶液，它的状态就像糖浆一样。

生　它看上去和其他盐溶液不一样。

师　是的，硅酸钠是用二氧化硅和碳酸钠共同熔化后得到的，看起来就像玻璃，不过将它放在水里加热之后它会溶解，因此它又叫水玻璃。

生　玻璃本身是什么物质呢？

师　它是硅酸钠、硅酸钙和二氧化硅的混合物。如果我们在硅酸钠溶液中加一些酸，比如盐酸，就会有硅酸析出。

生　硅酸就像一团厚厚的胶状物。

师　是的。我们无法将硅酸制成晶体，从这一点看，它也比较特殊。现在我们用大量的水稀释硅酸钠溶液，然后照着刚才的方法加一点儿盐酸。

生　没有变化呀！

师　有变化，生成了硅酸，不过它没有析出来。

生　它可能很难溶解，如果水量不够，它是不是就无法溶解？

师　那倒不是。现在我把第一个实验中析出的硅酸放进大量水中，但它还是没有溶解。

生　也就是说，它一旦变成固体，就不能再溶解了，对吗？

师　是的，这一点很重要，正是硅酸不能形成晶体的原因，因为它有着和胶水一样的性状，我们把这类物质称作凝胶。凝胶的性状很特别，化学家也是近年来才开始深入研究它。

生　可我看不出硅酸和胶之间有什么特别相似的地方啊！

师　我做个实验给你看，我取一些浓度适中的硅酸钠溶液，再往里面倒入一些石蕊溶液。

生　溶液变紫了。

师　是的，硅酸是一种弱酸，它溶于水后，只会电离微量的氢离子，对石蕊没有影响，所以石蕊溶液呈现紫色。现在，我慢慢加一些盐酸进去，直到溶液由紫色变成红色。

生 并没有析出什么物质呀！

师 再等等。溶液开始变浑浊了，但还是透明的，现在我把玻璃杯倒过来。

生 它变成了一种很硬的胶状物，就像冰冻的胶。

师 硅酸可以这样析出，也可以用其他方法析出，这与某些条件有关。如果我们使溶液变成中性，它就很容易像刚才那样析出来了；如果溶液是酸性或碱性，那就比较难了。

生 这和什么有关呢？

师 这一点我们还不太清楚。硅酸是一种弱酸，它的盐会被碳酸分解，所以它对许多反应都有重要的意义。

生 碳酸也很弱呀！

师 是的，但它至少可以使石蕊变红，而硅酸却不行，而且它的味道也不是酸的，和镁放在一起也不会产生氢气。

生 那为什么还要把它划入酸的范围呢？

师 因为它能形成盐。许多岩石都是由硅酸盐构成的，硅酸盐会被空气和水中的碳酸侵蚀而变成其他化合物，岩石就是这样分解的，我们把这个反应称作风化。

生 风化过程是不是很慢啊？我看不出那些山有什么变化。

师 虽然慢，但变化肯定是有的。不仅如此，山上的小溪还会不断地把泥土中的沙子和石头等风化产物运送到山谷里。

生 那些山迟早会变平的。

师 那可早得很呢！小溪把石头留下来，然后又把泥土和沙子带到河里，河水又把泥土和一部分沙子带到海里，最后所有泥土和沙子就会沉入海底，渐渐变成一层层岩石。至于接下来还会发生什么，我以后再告

诉你。我还要告诉你，风化时会有一部分硅酸溶解，然后在条件适当时析出二氧化硅。它有时会变成石英，有时会变成非晶状的二氧化硅，而燧石和蛋白石就是这类非晶状的二氧化硅。

生 我需要缓一缓了，没想到地球也是一个化学实验室。我知道动植物的体内无时无刻不在发生化学反应，但没想到那些没有生命的石头也是这样。

师 那些化学反应十分缓慢，所以我们难以察觉。接下来我们要好好休息一段时间，因为我们已经讲完了非金属，下一次我们就要开始讲金属了。在休息的这段时间里，你可以复习一下这些学过的知识。